萨巴厨房®

简单做早餐，多睡10分钟

萨巴蒂娜◎主编

中国轻工业出版社

初步了解全书

这本书因何而生

- 早餐可以说是每天最重要的一餐了，它为你提供一上午的能量所需，你的一天是否能元气满满，取决于早餐是否能让嘴巴满意、身体满意。许多人觉得早餐很费事，要么不吃，要么去外面凑合。其实早餐也可以很简单，这本书帮助你轻松搞定元气早餐，省时省力，吃好的同时，多睡10分钟也不难哦！

这本书都有什么

- 早餐无论中式还是西式，其实种类花样都很多，不要被匆忙的时间束缚，我们为你提供了多种选择。
- 想舒舒服服喝点稀的让肠胃滋润，我们有汤粥类；想要吃饱吃好，我们有米饭面食类；想来点不一样的新口味，我们有多款三明治和沙拉；觉得还欠点精致的小味道，我们有花样繁多的小菜类来丰富你的早餐餐桌；当然饮品也是不能少的，我们准备了多道谷物、果蔬制成的花样饮品；除此之外，我们还为懒得动脑筋的人准备了现成的套餐组合。
- 我们还给步骤分类标识，参考起来更加明确、更加方便，让你对烹饪步骤一目了然，心中有数。
- 可以省时省事的小窍门，则用“☑”符号在相应的步骤中标出来，提醒你哪些环节可偷懒。
- 本书还有部分菜品需要提前一晚做准备，从而节省第二天早晨的烹饪时间。这类菜品，则用“☾”符号表示需要在前一晚准备的做法；用“☀”符号表示早晨的做法。

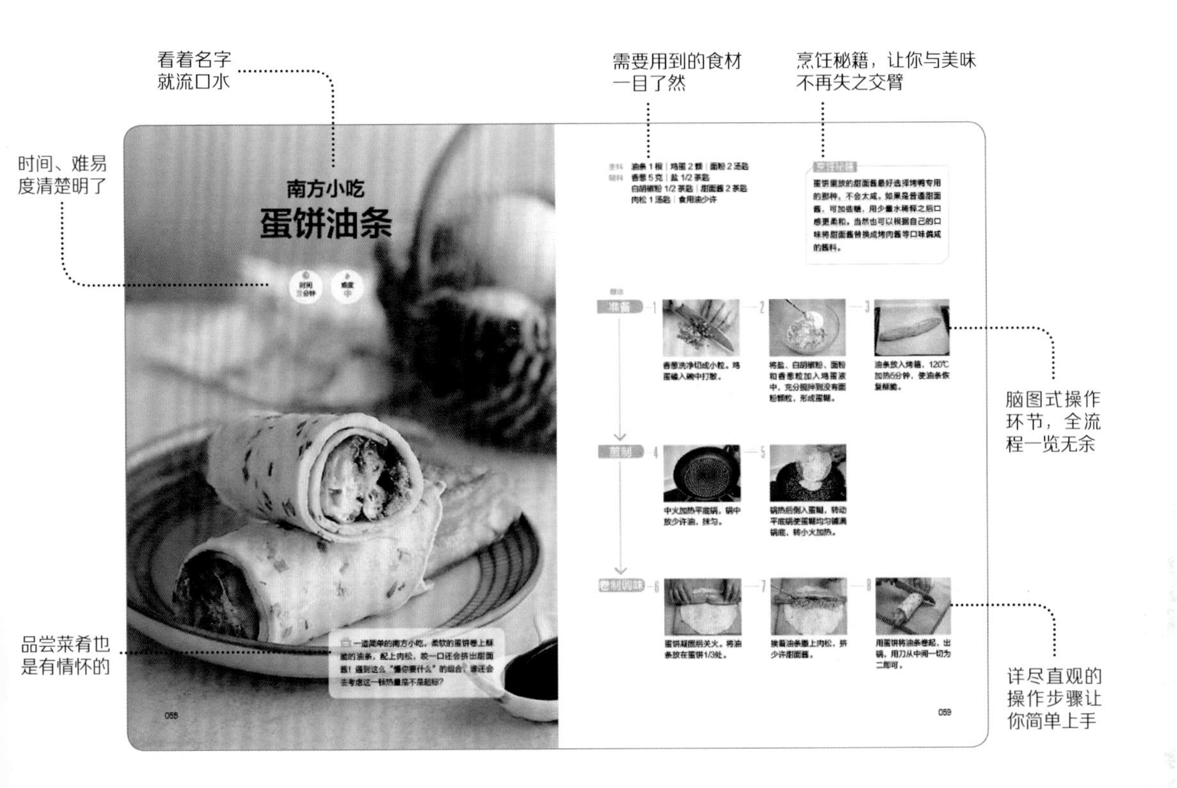

为了确保菜谱的可操作性，本书的每一道菜都经过我们试做、试吃，并且是现场烹饪后直接拍摄的。

本书每道食谱都有步骤图、烹饪秘籍、烹饪难度和烹饪时间的指引，确保你照着图书一步步操作便可以做出好吃的菜肴。但是具体用量和火候的把握则需要你经验的累积。

书中部分菜品图片含有装饰物，不作为必要食材元素出现在菜谱文字中，读者可根据自己的喜好增减。

卷首语

几分钟吃上早餐不是梦

我曾经非常忙碌，经常在早上用刷牙的时间做早餐。

现在我没那么忙了，但是依然喜欢用几分钟做一个早餐，开始美好的一天。

不粘锅开小火放一张卷饼，打颗鸡蛋，放两片圆火腿，牙刷好了，早餐也就做好了。

若不用卷饼，改成面包片，涂上沙拉酱，那就是三明治了。

若不用卷饼，改成提前买好的火烧，那就是中式汉堡了，更适合撒点儿椒盐。

若不放鸡蛋，改放上马苏里拉奶酪碎，那就是纯奶酪比萨了。

雪平锅冷水直接丢 10 个小馄饨，放入调料，再从自己种的花盆里揪一些香菜叶子，又是一顿。

不粘锅淋点油，把饺子丢进去，再倒少许水，开小火，去梳洗打扮吧，7 分钟后连锅端着上桌吃，若打入 1 颗鸡蛋，则更加圆满。

当然，早上我是不刷碗的，等晚上吃完晚餐，再一起用洗碗机刷，比我手洗得更干净。

我热爱生活，所以热衷于搜集各种半成品和现成的复合调味品，也热衷于搜集各种好用的锅和电器，就为了可以在床上多赖一会儿，并且起床之后，还可以吃得香甜满足，健康又饱腹。

萨巴厨房也热衷于把各种偷懒的法子放在这本书里，告诉你。

记着，一边偷懒一边过美好的生活是天经地义的。

高欣茹

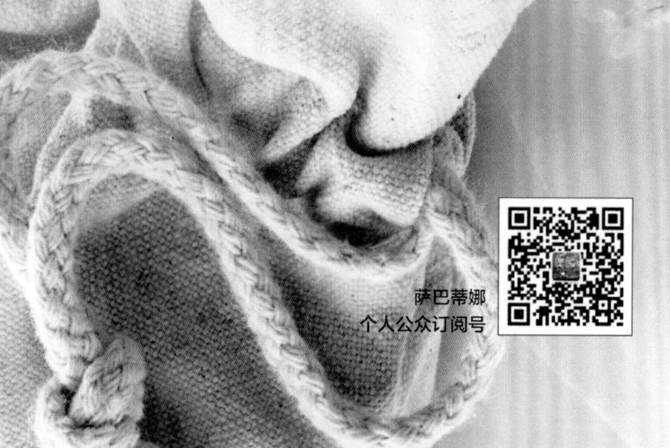

萨巴蒂娜
个人公众订阅号

萨巴小传：本名高欣茹。萨巴蒂娜是当时出道写美食书时用的笔名。曾主编过八十多本畅销美食图书，出版过小说《厨子的故事》，美食散文集《美味关系》。现任“萨巴厨房”主编。

敬请关注萨巴新浪微博 www.weibo.com/sabadina

目录

1 Chapter 汤粥类

2 Chapter 米饭面食类

3
Chapter
三明治和沙拉类

4 Chapter 小吃类

5
Chapter
饮品类

6 Chapter

超简单套餐搭配建议

计量单位对照表

1 茶匙固体材料 =5 克
1 汤匙固体材料 =15 克
1 茶匙液体材料 =5 毫升
1 汤匙液体材料 =15 毫升

1 Chapter

汤粥类

复制韩餐店的美味

韩式大酱汤

时间
20分钟

难度
低

主料 西葫芦 100 克 | 豆芽 50 克
土豆 100 克 | 豆腐 150 克

辅料 韩式大酱 ☑ 2 汤匙 | 盐 1/2 茶匙
酱油 2 汤匙 | 食用油适量 | 大蒜 3 瓣

做法 ☑ 单独制作大酱汤的过程就省去了，直接用冲的味道也不错。

烹饪秘籍

比较难煮的土豆要先放入，其他容易熟的可以后放，这样可以节省烹煮的时间。韩式大酱汤不用刻意去加入什么菜，依据自己现有的食材即兴发挥即可。

准备

1 西葫芦洗净切片、土豆洗净去皮后切片。

2 豆腐切块。

3 大蒜剁成蒜末。

烧煮

4 锅中倒油，放入土豆翻炒。

5 加水没过食材，大火烧开后转小火。

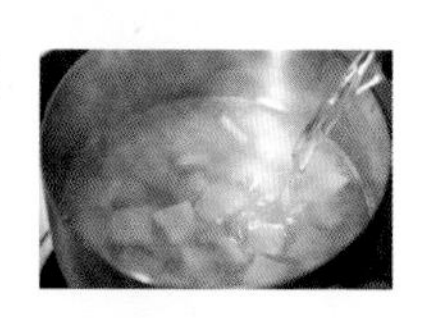

6 放入韩式大酱、酱油和盐，用勺子搅拌至酱料完全溶解。

☑ 使用方便调料

7 放入豆腐、豆芽和西葫芦，小火煮5分钟。

混合调味

8 放入蒜末，出锅即可。

主料 冷冻虾仁 50 克 | 内酯豆腐 200 克
西蓝花 100 克
辅料 盐 1/4 茶匙 | 食用油适量

每一口都是鲜
虾仁豆腐汤

时间 15 分钟
难度 中

豆腐是我国素食菜肴的主要原料，据说是由汉朝淮南王刘安在炼丹过程中无意发明的，后来逐渐受到人们的欢迎，被人们誉为"植物肉"。搭配虾仁来煮汤，营养健康又不失鲜美。

做法

晚间准备

1 冷冻虾仁提前一晚放入冰箱冷藏解冻。

2 西蓝花洗净后去掉根部，切成小朵。

3 西蓝花放入盐水中浸泡一晚。

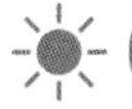

切备炒制

4 内酯豆腐切块。

5 锅中放油，放入虾仁煸炒至变色。

煮制调味

6 向锅中倒入适量清水，放入西蓝花和豆腐。

7 中火煮10分钟，加盐调味，搅拌均匀后即可。

烹饪秘籍

盐水浸泡西蓝花的方法不仅可以去掉西蓝花里面的虫子和灰尘，还可以保持西蓝花的鲜味和口感。

快手又美味

日式味噌汤

时间 15分钟

难度 中

味噌，以黄豆为主料，加入盐及不同的种曲发酵而成。用味噌酱来做汤，无油健康且味道鲜美。

主料 鲜海带 100 克 | 内酯豆腐 100 克 | 香葱 2 根

辅料 味噌酱 2 汤匙 | 盐 1/2 茶匙 | 生抽 1 茶匙 | 白糖 1/2 茶匙

做法 一碗味噌汤从来没这么简单过，加点爱吃的食材进去也很方便。

准备

1 海带洗净切成小块。

2 内酯豆腐切正方形小块。

3 香葱洗净去根，切丁。

煮制

4 汤锅中烧水煮沸，放入海带，转小火煮。

5 放入内酯豆腐继续煮5分钟。

调味

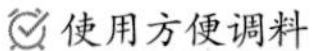

6 转大火煮沸后，放入味噌酱、盐、生抽和白糖，再煮1分钟左右。

7 出锅前撒上香葱丁即可。

烹饪秘籍

如果买不到新鲜的海带，也可用干海带代替，提前一晚用水泡发即可。在豆腐的选择上，内酯豆腐相较于老豆腐口感更柔滑。

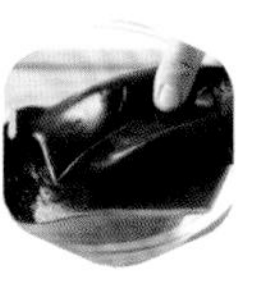

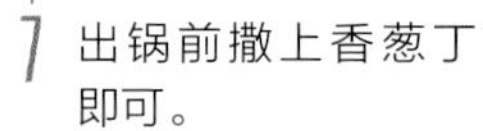

宁波人的心头好
青菜火腿年糕汤

时间 20分钟 | 难度 低

主料 水磨年糕100克 | 小白菜2棵 | 火腿50克 | 鲜香菇2个

辅料 大葱3克 | 鸡精1/2茶匙 | 盐1茶匙 | 香油适量 | 食用油少许

做法

准备

1 小白菜切去根，冲洗干净后切成寸段。叶子和梗分开。香菇去蒂、切片。大葱切成葱花。

2 水磨年糕掰散开，切成厚片。火腿切丝。

煸炒

3 中火加热炒锅，锅中放少许油，烧至六成热时放葱花，煸炒出香味。

4 放入香菇片，煸炒到香菇片变软，收缩。加入约2小碗水，转大火烧开。

煮制调味

5 放入年糕片，煮至汤汁沸腾后下小白菜梗和火腿丝，转中火煮到年糕片变软。火腿易碎，不要放太早。

6 放入小白菜叶和香油、鸡精，调入盐。小白菜叶变色后即可关火出锅。

烹饪秘籍

市面上出售的水磨年糕一般有两种形状，块状的和棒状的。块状的切片就好，棒状的可斜刀切成小段。年糕入锅后要多搅拌，以免黏在一起成坨。

在宁波，年糕吃法一般分炒年糕和年糕汤两类，其中咸的年糕汤很是经典。年糕软糯，香菇鲜香，青菜爽脆，还给“无肉不欢”的我们加上了火腿。

暖心暖胃

菜泡饭

时间 20分钟

难度 低

主料 油菜3棵 | 鲜虾10只 | 米饭200克 | 豆泡5个

辅料 盐1茶匙 | 姜3克 | 白胡椒粉1/2茶匙 | 香油1茶匙 | 料酒1茶匙

做法

准备腌制

1 油菜洗净，去根，切成小段。姜去皮切细丝。豆泡切小块。

2 鲜虾开背，去头、壳，去虾线，洗净。

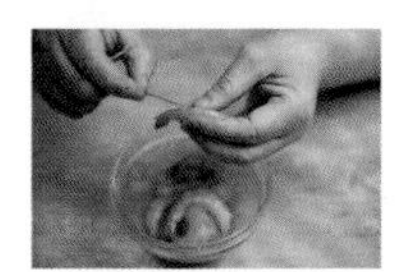

3 剥好的虾仁放入碗中，加料酒、白胡椒粉抓拌均匀，腌制15分钟。

煮制

4 汤锅里倒入米饭，加适量水，开大火煮。

混合调味

5 继续煮至快沸腾时，放入虾仁和姜丝到泡饭中。

6 再次沸腾后加入油菜、豆泡搅匀，煮开即可关火。

7 调入适量盐，淋入香油，搅拌均匀即可。

烹饪秘籍

想要菜泡饭中的汤更清透、洁白，可以在虾仁腌好后用纸巾吸干水分。将排叉、烤酥脆的油条碎撒在菜泡饭上，成品口感更丰富。

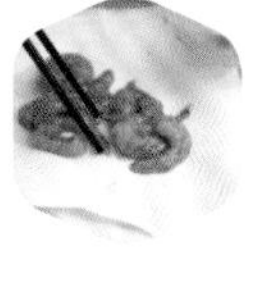

养胃首选

菠菜菌菇粥

时间 10分钟

难度 低

喝粥最养胃，在粥中放入菠菜，再搭配菌菇一起食用，更是对身体大有好处。早餐给自己做一碗简单的菠菜粥，健康又美味！

主料 大米 150 克 | 香菇 3 个 | 胡萝卜 50 克 | 菠菜 100 克

辅料 浓汤宝 1 块

做法

晚间准备

1. 香菇、胡萝卜洗净，切成小丁。

2. 菠菜洗净去根，切成小段。

3. 将菠菜、香菇和胡萝卜丁放进保鲜盒，放入冰箱冷藏备用。

4. 大米淘洗净，按米水1：8的比例放入电饭煲，使用预约功能预约第二天起床时间出锅。

混合调味

5. 将胡萝卜、香菇丁放入提前熬好的白粥中，小火熬煮5分钟。

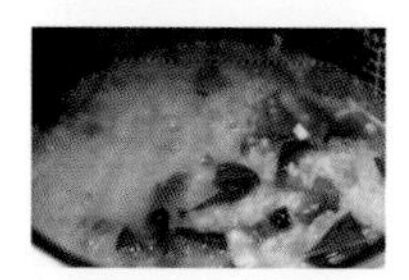

6. 再放入菠菜段小火煮1分钟。

使用方便调料

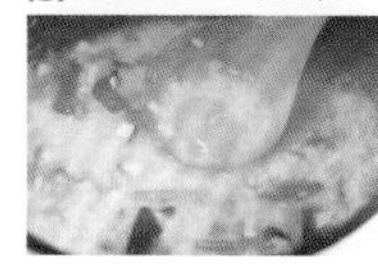

7. 放入一块浓汤宝，搅拌均匀即可出锅。

烹饪秘籍

胡萝卜、香菇切成小丁，可有效节省煮制的时间。

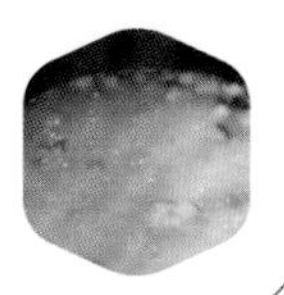

健身者的必备粥

生滚牛肉窝蛋粥

时间
30 分钟

难度
中

牛肉窝蛋粥属于广式的生滚粥，其特点是牛肉鲜嫩，口感润滑，粥的软糯，混合着鸡蛋的香软，令人一尝难忘。如果鸡蛋足够新鲜，可以不完全煮透，上桌之后戳破蛋黄，看着蛋黄散开，就像蛋花一样。

主料 大米 100 克 | 牛里脊 100 克

辅料 鹌鹑蛋 10 颗 | 鲜香菇 4 个 | 姜 3 克
香葱 1 根 | 淀粉 1/2 茶匙 | 生抽 1 茶匙
白胡椒粉 1/2 茶匙 | 香油适量
白糖 1/2 茶匙 | 盐适量 | 鸡精适量

营养贴士

牛肉含有丰富的维生素B_6，可促进蛋白质的代谢和合成，从而有助于紧张训练后身体的恢复。牛肉中的肌氨酸是肌肉的燃料，可增长肌肉和力量。这款粥品适合热爱健身的人士做早餐食用。

做法

煮粥底

1

鲜香菇去蒂，洗净，切薄片。生姜去皮切细丝。香葱取葱绿部分切小粒。大米淘洗干净。

2

洗净的米放入砂锅，放足量水，大火烧开，再次沸腾后转小火。

3

香菇片放入砂锅，一起煲香菇粥底。

下料煮制

4

牛里脊切薄片。加入盐、白胡椒粉、生抽、白糖、香油、淀粉抓匀，腌制一会儿。

5

粥熬至黏稠，米粒开花。在粥里均匀磕入鹌鹑蛋，不要搅拌，煮到蛋清变白。

6

将腌渍好的牛肉片放入锅中。缓慢搅拌均匀，牛肉大致搅散开就好。

调味

7

放入姜丝，等粥再次冒小泡，不需要完全沸腾，搅匀，关火。

8

香葱粒撒在粥里，调入适量盐和鸡精，搅拌均匀即可。

烹饪秘籍

做生滚粥，牛肉一定要选瘦的，越嫩越好。可以将牛肉冷冻一下，冻到刚好能切动的程度，牛肉变硬，更易切出整齐的薄片。

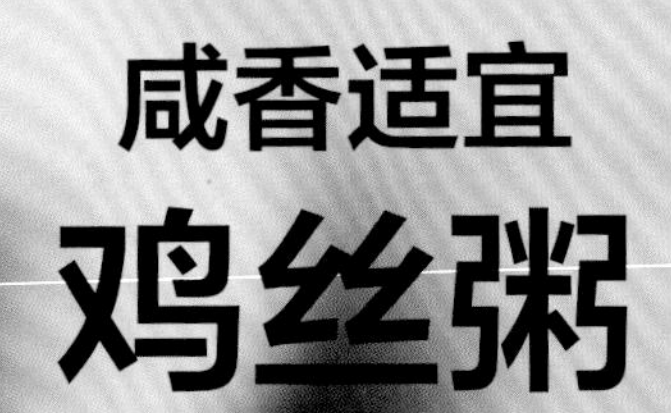

咸香适宜
鸡丝粥

爽口又不缺滋味的一道粥品，是喜欢咸鲜口味者的极佳选择，同时也满足了早餐所需要的全部营养。

主料 大米150克｜鸡胸肉200克

辅料 香葱2根｜料酒2茶匙｜盐适量｜白胡椒粉适量

营养贴士

鸡胸肉肉质细嫩。其中蛋白质含量较高，作为早餐食材更易被人体所吸收，有增强体力的作用，是中国人膳食结构中脂肪和磷脂的重要来源之一。

做法

晚间准备

1 将鸡胸肉洗净。

2 锅中烧开水，加入鸡胸肉和料酒，煮熟捞出。

3 将煮熟的鸡肉撕成鸡丝。

4 香葱去根洗净，取葱绿部分切成小丁。

5 将鸡丝和香葱丁放入保鲜盒，放进冰箱冷藏备用。

6 大米淘洗干净放入锅中，加入煮饭量三倍的清水。

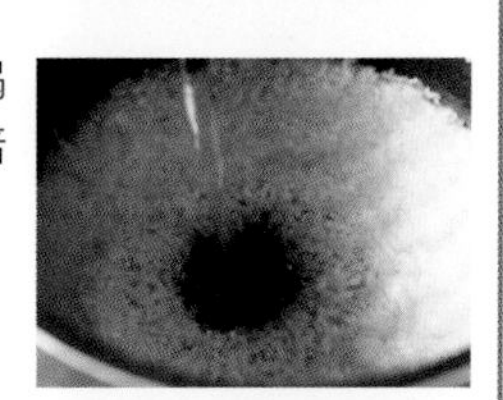

7 使用电饭煲的预约功能，选择第二天清晨起床的时间，按下预约键。

混合调味

8 将鸡丝放入煮好的粥中，加入盐和白胡椒粉，用勺子推散开，再煮5分钟。

9 出锅前撒上香葱丁，搅拌均匀即可出锅。

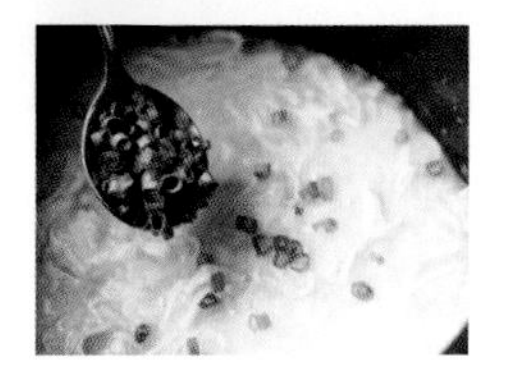

烹饪秘籍

在鸡胸肉的选择上，选择鸡小胸最为合适，鸡小胸肉质鲜嫩，更适合煮粥。

下火粥

皮蛋瘦肉粥

时间
35分钟

难度
低

粥铺必备的一道粥品，经典到不知道应该怎样去形容它。辅料只有皮蛋和瘦肉，点缀少许姜丝，几粒盐，一小撮胡椒粉，竟然能调配出如此鲜美的味道。

主料 大米 150 克 | 皮蛋 2 颗
猪里脊肉 100 克

辅料 姜 5 克 | 香葱 2 根 | 料酒 2 茶匙
白胡椒粉适量 | 食用油 1 茶匙
淀粉 1/2 茶匙 | 盐适量

营养贴士

皮蛋含有丰富的矿物质，脂肪和总热量却很低。具有润肺、养阴止血、凉肠、止泻、降压之功效。猪里脊肉富含蛋白质，且脂肪含量较少，肉质细嫩易消化，适合早餐食用。

做法

准备粥底

1 猪里脊肉洗净，垂直于瘦肉纹理的方向将其切成粗丝。

2 肉丝中加入料酒、少许白胡椒粉、适量盐和淀粉，抓拌均匀。

3 大米淘洗干净放入汤锅，加入煮饭量两倍的清水，大火烧开后转中火熬成白粥。

下料煮制

4 香葱去根后洗净，取葱绿部分切成小粒。姜去皮后切细丝。皮蛋去壳，切块。

5 肉丝中拌入1茶匙油。另起一锅烧水，水开后放入肉丝，用筷子搅散，撇去浮沫。肉丝变色后捞出，沥干。

6 白粥熬煮到米粒开花，汤汁发黏后，放入姜丝，用勺子将姜丝推散开。

7 放入皮蛋和肉丝，加入盐和1/2茶匙白胡椒粉，用勺子推散开，继续煮约5分钟。

调味

8 出锅前撒香葱粒，拌匀即可。

烹饪秘籍

白粥熬好以后再加料，加料之后不要过度搅拌，过分搅拌粥会澥开，失去黏稠的口感。姜放在粥里起去腥的作用，不喜欢的话就切成薄片，吃的时候容易挑出来。

香甜丝滑
南瓜粥

时间
15 分钟

难度
中

主料 南瓜 200 克 | 糯米粉 30 克
辅料 冰糖 1 茶匙

烹饪秘籍
在熬煮南瓜粥时要全程小火，不停搅拌。冰糖可根据个人口味换成蜂蜜或者炼乳。

做法 使用微波炉代替蒸锅蒸熟南瓜，大大减少了制作时间。

准备

1 南瓜去皮、去子，切成小块。

使用微波炉

2 南瓜块放入碗中，盖上一层保鲜膜，入微波炉中火转5分钟。

3 取出南瓜，用料理机把南瓜打成南瓜泥状。

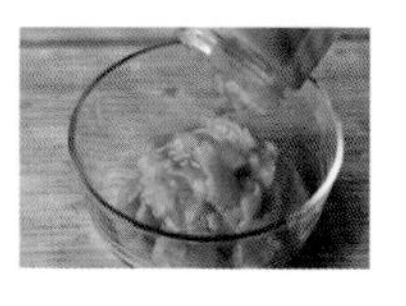

煮制

4 将南瓜泥放入锅中，开小火。

5 加入一倍的清水，边煮边搅拌。

调味搅拌

6 放入冰糖，煮至冰糖全部溶化。

7 糯米粉加一点水稀释，分成3次倒入南瓜粥中，搅匀即可出锅。

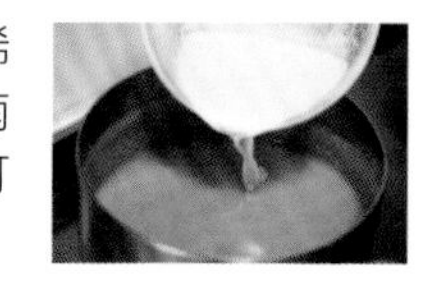

金色蛋花
鸡蛋粥

时间 10分钟

难度 低

主料 大米 150 克 | 鸡蛋 2 颗

辅料 盐 1/4 茶匙

做法

晚间准备

1. 大米淘洗干净，放入锅中，大米与水的比例为1：8，使用电饭煲的预约功能，选择第二天清晨起床的时间，按下预约键。

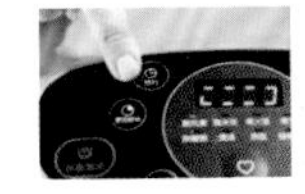

混合调味

2. 将2颗鸡蛋打成蛋液，放入1/4茶匙盐。倒入熬煮好的粥中，搅拌均匀即可出锅。

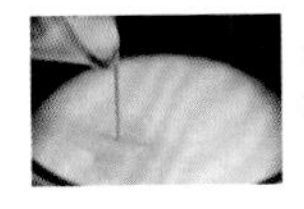

烹饪秘籍

也可以用隔夜饭加水熬煮，代替淘米煮粥这一步。

健康之选
南瓜牛奶燕麦粥

时间 5分钟

难度 低

主料 牛奶 500 克 | 燕麦片 100 克
南瓜 100 克

辅料 白糖 1 茶匙

做法

晚间准备

1. 南瓜去皮、去瓤，切小块。将燕麦片和南瓜块放入锅中，加燕麦片3倍的清水。

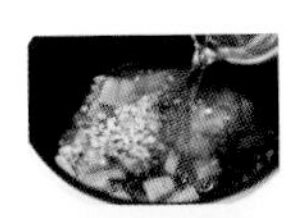

2. 使用电饭煲的预约功能，选择第二天清晨起床的时间，按下预约键。

搅拌调味

3. 将牛奶倒入提前煮好燕麦南瓜粥中，搅拌。

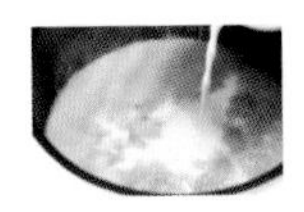

4. 撒上1茶匙白糖，搅拌均匀即可。

烹饪秘籍

燕麦清洗干净后放入水中浸泡半小时，煮出来的粥味道更香浓。

香甜丝滑

红薯甜粥

时间 10分钟 | 难度 低

除了烤、煮、蒸，红薯还能怎么吃？这款粥品就是答案。真正做到了营养均衡，又充满饱腹感。

主料 大米150克 | 红薯100克

辅料 白糖1茶匙

做法

晚间准备

1. 红薯洗净、去皮，切成小块。

2. 蒸锅中烧开水，放入红薯蒸熟。

3. 将蒸熟的红薯放进保鲜盒，放入冰箱冷藏备用。

4. 大米淘洗干净放入锅中，米与水的比例为1：8，使用电饭煲的预约功能，选择第二天清晨起床的时间，按下预约键。

混合调味

5. 将红薯块放入提前煮好的大米粥中，拌匀，熬至浓稠，红薯熟软。

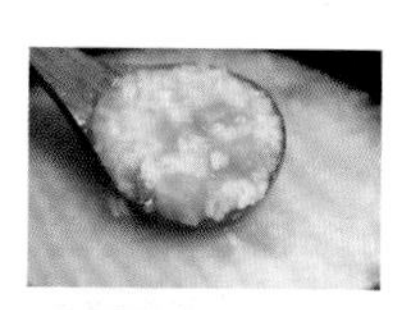

6. 加入1茶匙白糖，搅拌均匀即可出锅。

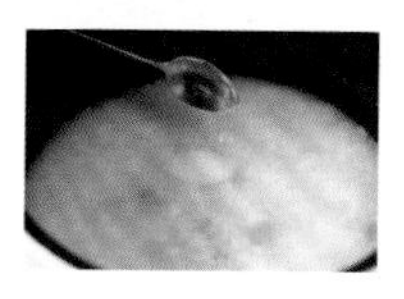

烹饪秘籍

可以使用蜂蜜代替白糖，口感会非常香甜。红薯块也可以放入微波炉中，盖上一层保鲜膜，中高火转2分钟。

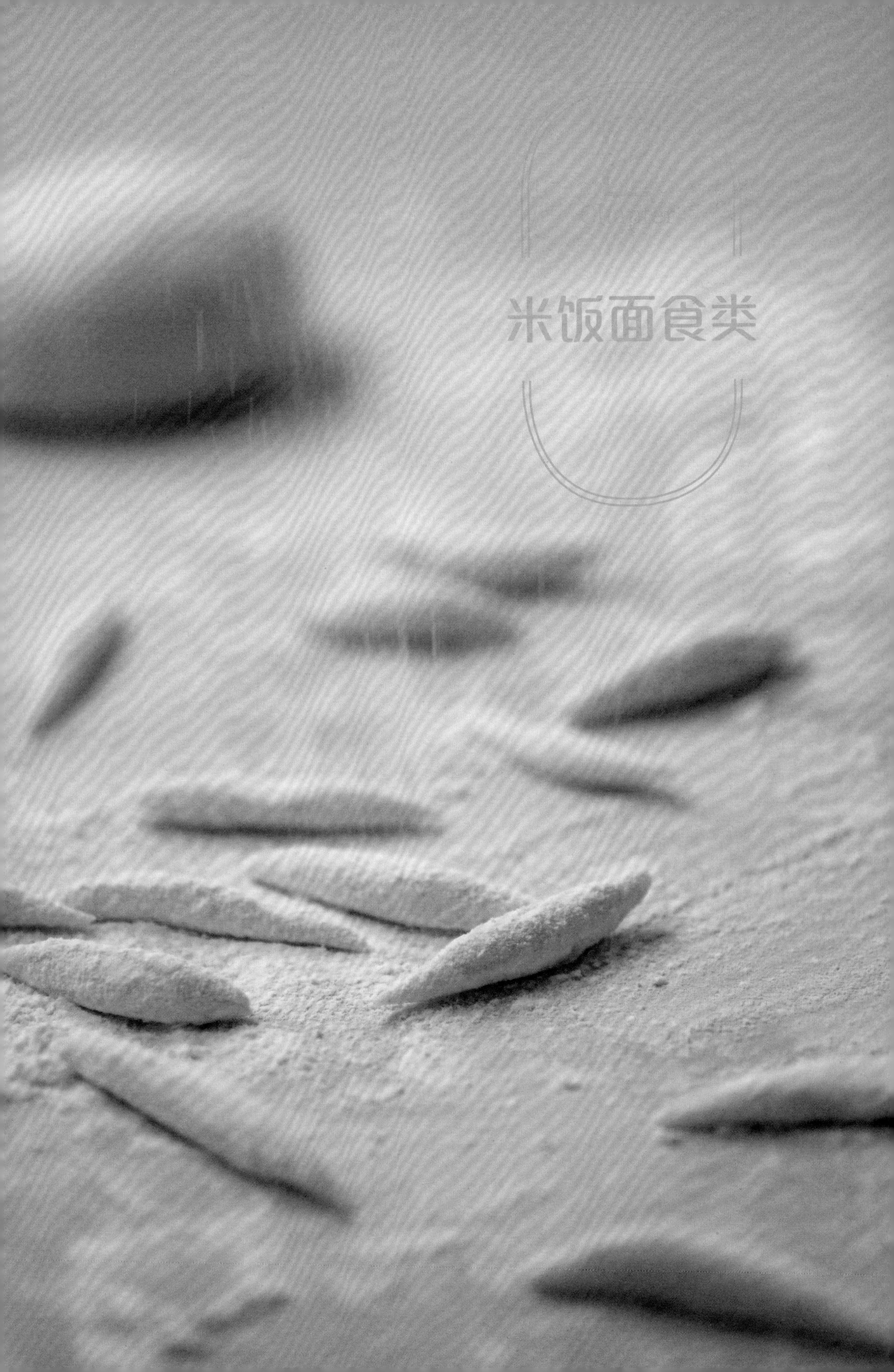

米饭面食类

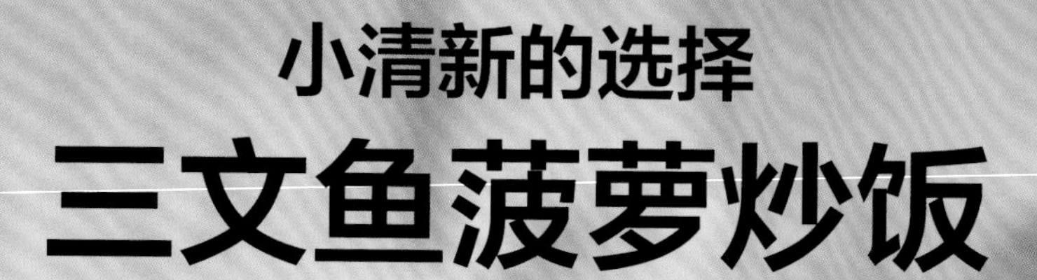

小清新的选择

三文鱼菠萝炒饭

时间
15分钟

难度
高

不喜欢生吃三文鱼的朋友们，一定要试试这款三文鱼炒饭，菠萝的香甜与洋葱的香气交相呼应，令这款炒饭别具一番滋味。

主料　大米200克 | 三文鱼100克
　　　菠萝50克 | 洋葱50克 | 鸡蛋1颗
辅料　盐1茶匙 | 食用油适量

营养贴士

三文鱼所含有的蛋白质比其他的鱼类更高，同时富含多种矿物质，经常吃三文鱼可以维持体内钾钠平衡、提高免疫力、有利于生长发育，正在长身体的青少年人群应该多吃。

做法

晚间准备

1 大米洗净，放入电饭煲中，加入煮饭量的水煮好。

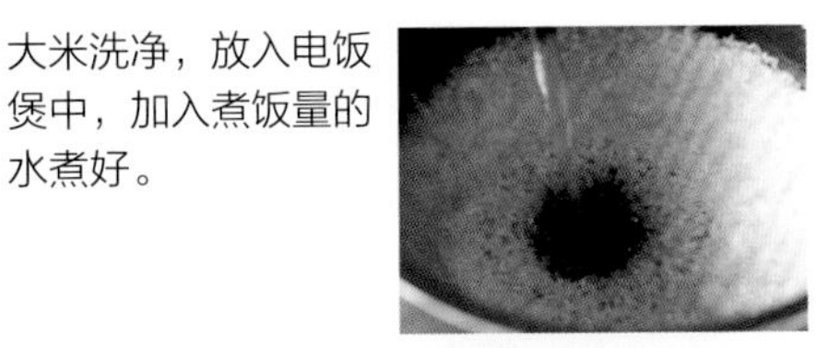

2 煮好的米饭打散凉凉，放入冰箱冷藏。

3 洋葱去皮切小丁、菠萝切小块。

4 三文鱼洗净后，切成小块。

5 将准备好的食材放进保鲜盒，放入冰箱冷藏备用。

炒制

6 炒锅烧热倒油，将鸡蛋打散成蛋液，炒成碎丁盛出。

7 炒锅中重新倒油，放入洋葱丁和菠萝丁爆香。

8 放入三文鱼翻炒30秒。

9 放入隔夜米饭和鸡蛋碎翻炒。

调味

10 最后放入盐翻炒均匀即可盛出。

烹饪秘籍

三文鱼不要太早下锅，否则锅中太高的温度会破坏三文鱼独有的绵软感。

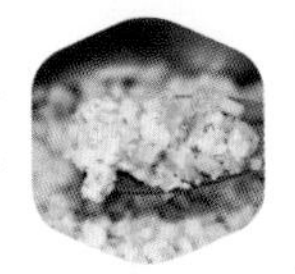

黑暗界的美味

酱油炒饭

时间
15 分钟

难度
低

对于忙碌的上班族来说，这款炒饭因简单易操作而格外受到喜爱。厨房中最常见的调料，也能做出充满滋味的炒饭，有时候简单的就是最好的。

主料 大米 200 克 | 鸡蛋 2 颗 | 香葱 3 根
辅料 鲜味酱油 2 汤匙 | 白糖 1/4 茶匙
食用油适量

营养贴士

除了简单炒制之外，还可以提前一晚切一些火腿、蔬菜（如黄瓜），第二天和米饭一起炒，营养更全面。

做法

晚间准备

1 大米洗净，放入电饭煲中，加入煮饭量的水，提前一晚煮好。

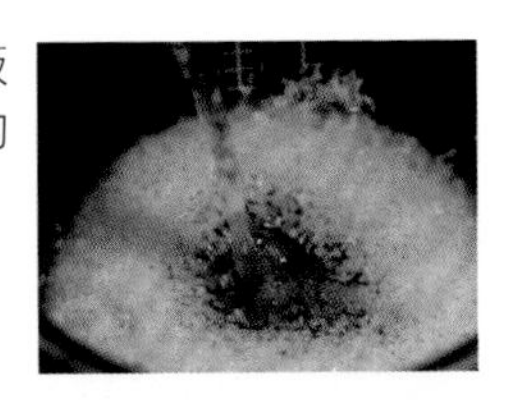

2 煮好的米饭打散冷却后放入冰箱冷藏。

3 香葱洗净，去根切丁，装盒，冷藏。

早间准备

4 取出米饭，加入酱油与白糖，用酱油充分把米饭裹匀。

5 鸡蛋打入碗中搅拌成蛋液。

6 炒锅中放油，放入鸡蛋炒散后盛出。

7 锅中重新放油，放入一部分香葱丁爆香。

炒制

8 将拌好的米饭倒入锅中，小火翻炒至粒粒分明。

9 放入炒蛋及剩下的香葱丁，炒匀即可关火盛出。

烹饪秘籍

可以选择符合味型的鲜味酱油，这类酱油咸度适中，且带有鲜甜味道，可以很方便地调出很好的味道。如果没有，也可以用约4茶匙生抽和1/2茶匙老抽混合来替代。

炒饭界的招牌

神速蛋炒饭

时间 10分钟

难度 低

蛋炒饭，是一种最家常的菜肴。你很难想出一个办法，只用一颗鸡蛋做一盘菜。但是蛋炒饭让这个想法变成了现实。在忙碌的早晨，来一碗神速蛋炒饭吧！

烹饪秘籍

提前一晚煮好米饭，变成隔夜饭，一来节省早上的时间，二来使炒饭的口感更好。隔夜饭水分少，能使炒饭颗粒分明。

主料　大米200克｜鸡蛋2颗｜香葱2根

辅料　盐1茶匙｜食用油1汤匙

做法

晚间准备

1 大米洗净，放入电饭煲中，加入煮饭量的水，提前一晚煮好，冷却后打散，放入冰箱冷藏。

2 香葱洗净去根，切丁。装盒，冷藏。

炒制

3 鸡蛋放入碗中打散成蛋液。

4 炒锅中放油，倒入蛋液，将鸡蛋炒散，蛋液凝固后盛出。

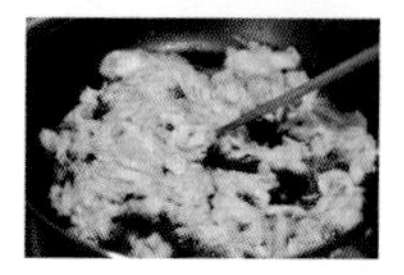

混合调味

5 锅中热少许油，放入米饭翻炒至粒粒分明。

6 放入鸡蛋碎和香葱丁翻炒。

7 放入1茶匙盐翻炒均匀即可。

主料　大米200克｜肥牛片200克
　　　洋葱100克
辅料　日式烤肉酱2汤匙｜白芝麻适量
　　　食用油适量

抵不住的肉香
日式肥牛饭

时间 20分钟　难度 低

一直很喜欢吉野家的肥牛饭，可总觉得肉不多，汤汁也少，吃起来很不过瘾。其实自己在家也能很好地复制出来，美味又方便，绝对值得一试。

做法

晚间准备

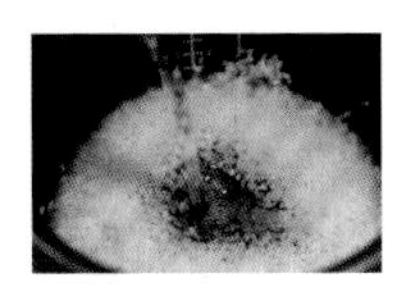

1 大米洗净，放入电饭煲中，加入煮饭量的水，按下煮饭键，预约为明天早餐时间做好。

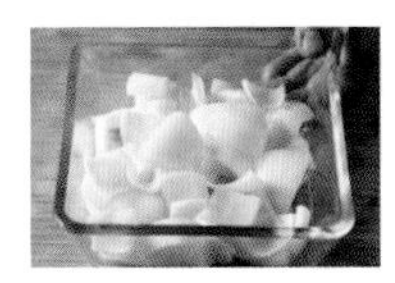

2 洋葱洗净去皮，切片。装盒，冷藏。

炒制

3 锅热放油，加入洋葱片炒香。

4 放入肥牛片炒至八成熟。

调味出锅

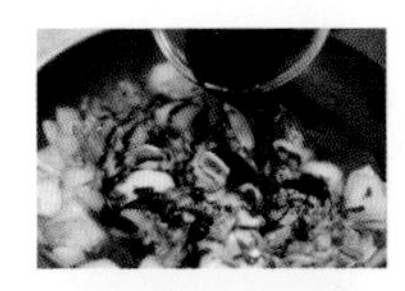

5 倒入日式烤肉酱，中火翻炒2分钟。

6 撒上适量白芝麻翻炒均匀。

7 盛一碗米饭，把炒好的肥牛盖在上面即可。

烹饪秘籍

可以根据自己的口味酌量加水，如果喜欢汤汁多些的，可以多加一些水。

爱的告白
日式蛋包饭

时间 25分钟

难度 中

日剧里面男女主角要给爱人做饭的时候，蛋包饭的出镜率特别高。为啥呢？操作简单，成品又好看，还能用番茄酱在蛋皮上写字！来吧，自己动动手，来个爱的告白。

主料 米饭1碗｜鸡腿1个｜洋葱1/4个
鸡蛋2颗｜番茄酱2汤匙｜口蘑4个
玉米粒50克

辅料 牛奶2汤匙｜鸡精1茶匙
黑胡椒粉1/4茶匙｜盐适量｜白酒1汤匙
食用油适量

营养贴士

鸡蛋含有丰富的蛋白质；口蘑则富含微量元素硒，有抗癌功效；洋葱可以抗衰老；玉米可以帮助降血压减肥。这是一款超级营养还不会吃胖的美食早餐。

做法

准备

1 鸡腿去骨切丁，加入白酒抓匀，腌15分钟去腥。洋葱切成小丁。口蘑去蒂，切片。

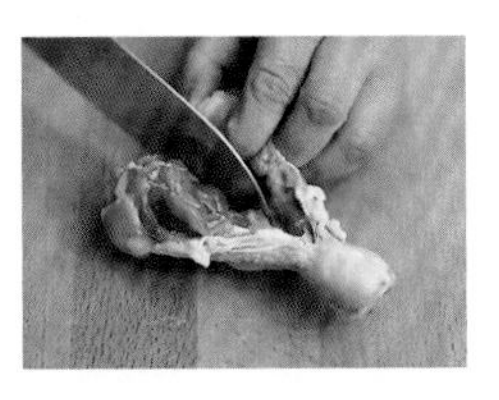

炒制

2 中火加热平底炒锅，锅热后放入少量油，下鸡丁炒散。

3 放入洋葱丁、口蘑片、玉米粒炒熟。加入米饭炒散。

4 加入黑胡椒粉、盐、鸡精和番茄酱，拌炒均匀后盛出。

制作蛋包

5 鸡蛋加入牛奶打散。炒锅洗干净，中火加热，放入适量油。

6 油温热后倒入蛋液，转动锅使蛋液摊成均匀的蛋饼。油温不要太热，蛋皮煎成金黄色最好。

定形出锅

7 蛋液定形后关火，将炒饭放在蛋皮中央，用铲子整形成饺子状。

8 将蛋皮两边向中间折叠将米饭包起来，扣在盘中，在蛋皮表面挤上适量番茄酱即可。

烹饪秘籍

煎蛋皮的平底锅不要选太大的，24厘米左右的最好。如果喜欢吃厚一点的蛋皮，可以将鸡蛋增加为3颗。蛋液凝固后可以将平底锅离火，以免锅太热将蛋饼烤煳。

最火网红饭

番茄饭

时间 10分钟

难度 中

曾风靡网络的“一只番茄饭”，不仅营养美味，做法也超级简单。一个电饭煲就能轻松完成，绝对是懒人必备菜谱之一。

主料 大米 200 克 | 番茄 1 个 | 洋葱 100 克
玉米粒 50 克 | 青豆 50 克

辅料 盐 1 茶匙 | 食用油少许

营养贴士

番茄是维生素C的天然食物来源，能保护皮肤健康，维持胃液的正常分泌，促进红细胞的形成，女性多吃有利于保持皮肤弹性。

做法

晚间准备

1 大米淘洗干净备用。

2 洋葱洗净去皮切末。

3 番茄去蒂，在中间用刀划个十字。

4 将浸泡好的大米放入电饭煲中，水要比平常煮饭少一些。

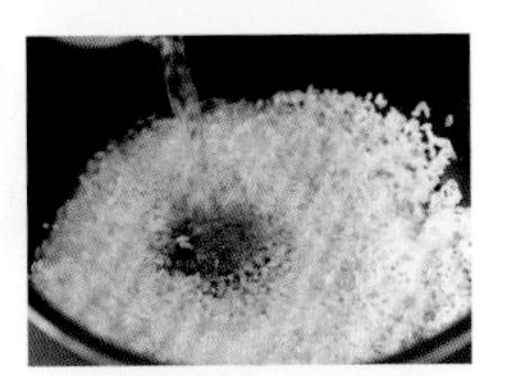

5 放入洋葱丁、玉米粒和青豆。

6 加几滴食用油，放入盐，再放入番茄。

7 按下预约键，选择明早吃饭的时间煮好即可。

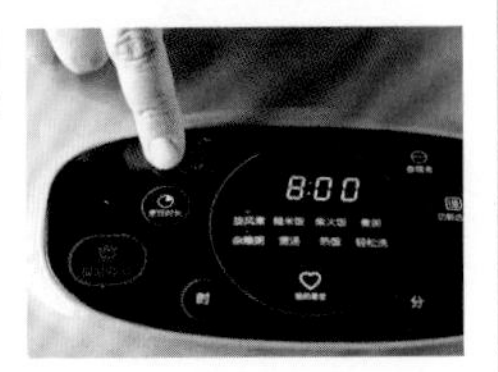

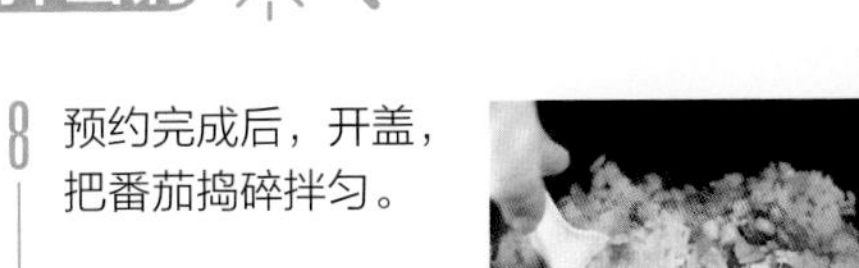

8 预约完成后，开盖，把番茄捣碎拌匀。

9 拌完再盖上锅盖闷5分钟，即可盛出。

烹饪秘籍

如果喜欢吃口味浓郁的，可以在饭中加入番茄酱。

因为番茄煮熟后会出水，所以煮饭水要比平常放得少一些。

文艺范儿十足
黄金奶酪焗饭

时间
20分钟

难度
中

爱焗饭的人都最爱那层奶酪，舀上一勺，连料带饭，扯着拉丝入口，细细咀嚼，各种食材在嘴里碰撞，浓郁的滋味每一口都让人回味无穷。

主料 大米 200 克 | 马苏里拉奶酪 50 克
培根 50 克 | 洋葱 50 克
冷冻蔬菜粒 ✓ 50 克

辅料 番茄酱 3 汤匙 | 盐 1/2 茶匙 | 食用油适量

营养贴士

对于成长发育旺盛的青少年及儿童来说，奶酪是极好的补钙食品。但奶酪中同时也富含脂肪等营养，吃多了不容易消化，肠胃不好的人群要少吃。

做法 ✓ 有了袋装冷冻什锦蔬菜粒，懒得自己洗菜、切菜的人有福了！

晚间准备

1 大米洗净，放入电饭煲中，加入煮饭量的水，提前一晚煮好。

2 煮好的米饭，凉凉后打散，放入冰箱冷藏。

3 洋葱洗净去皮，切成小丁，放入保鲜盒，入冰箱冷藏备用。

4 培根切小丁，放入保鲜盒，入冰箱冷藏。

烹饪秘籍

如果家中烤箱分上、下火，选择上火烤10分钟可达到同等效果。

炒制

✓ 使用方便食材

5 烧热油，放洋葱丁、冷冻蔬菜粒和培根翻炒。

6 放入米饭炒散至颗粒分明。

调味焗制

7 倒入番茄酱和盐，翻炒均匀，放入焗饭碗中。

8 在表面撒上一层马苏里拉奶酪。

9 烤箱180℃，烤15分钟，至表面金黄即可出炉。

元气满满的一餐

咖喱鸡肉饭

主料 大米 200 克 | 鸡胸肉 200 克
胡萝卜 100 克 | 土豆 100 克
洋葱 50 克

辅料 咖喱块 2 块 | 生抽 1 汤匙
料酒 1 汤匙 | 食用油适量

在天气炎热的夏天，食欲骤降时，来一碗滋味浓郁的咖喱饭，顿时会胃口大开。

做法

晚间准备

1 大米洗净，放入电饭煲中，加入煮饭量的水，按下煮饭键，预约为明天早餐时间做好。

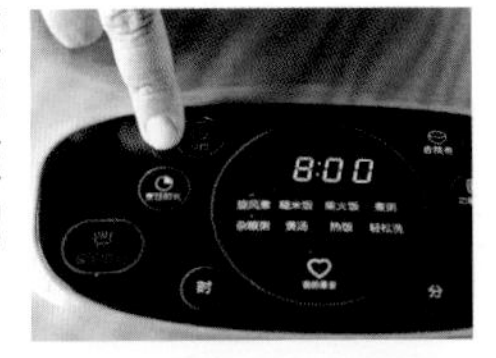

2 鸡胸肉洗净，切2厘米左右的方丁，放入料酒，腌制一晚上。

3 土豆、胡萝卜和洋葱洗净去皮，切成2厘米左右的方丁。

4 将准备好的食材，放入保鲜盒，放进冰箱冷藏备用。

炒制

5 锅热放油，放入洋葱丁炒香。

6 放入鸡胸肉翻炒至八成熟。

7 放入土豆丁和胡萝卜丁翻炒。

调味烧制

8 锅中加水没过食材，中火煮10分钟。

9 加入咖喱块和生抽，煮至汤汁浓稠，盛出盖在米饭上即可。

营养贴士

咖喱的主要成分是姜黄粉、川花椒、胡椒、芫荽子等含有辛辣味的香料，能促进新陈代谢，使人消耗更多的热量。对于想保持身材的人群，这是不可错过的减肥佳品。

烹饪秘籍

在咖喱块的选择上，日本咖喱偏甜、泰国咖喱偏辣，可根据个人口味进行选择。

没肉照样香

鸡蛋咖喱饭

时间 15分钟

难度 低

咖喱饭在我们平常生活中很常见，洁白的米饭，配上浓郁的咖喱酱，看着就口水直流。鸡蛋咖喱饭，相较于传统肉咖喱，不仅制作简单，而且老少咸宜。

主料 大米200克 | 鸡蛋2颗 | 洋葱50克 | 彩椒50克

辅料 咖喱块50克 | 食用油适量

做法

晚间准备

1 大米洗净，放入电饭煲中，加入煮饭量的水，按下煮饭键，预约为明天早餐时间做好。

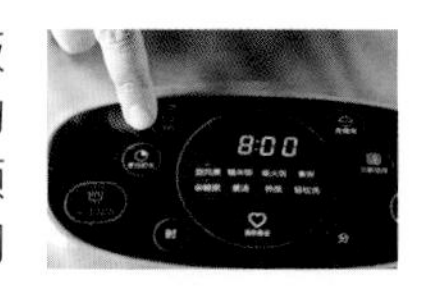

2 洋葱洗净、去皮，彩椒洗净、去蒂，均切丁。装盒，冷藏。

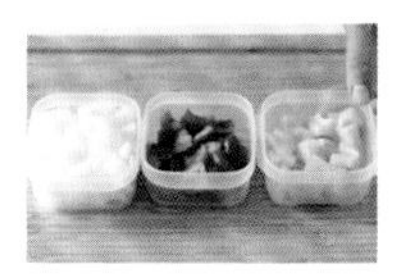

烧制调味

3 炒锅烧热后倒入食用油，放入洋葱丁、彩椒丁炒香。

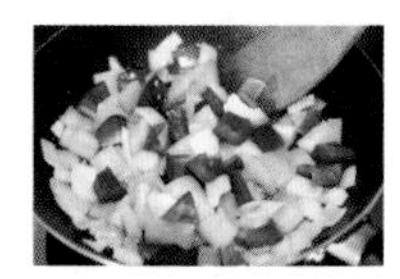

4 倒入水，放入咖喱块熬煮。

浇蛋液

5 鸡蛋打散搅匀后过筛。

6 咖喱煮滚后，倒入鸡蛋液搅拌并煮滚，待鸡蛋凝固即可。

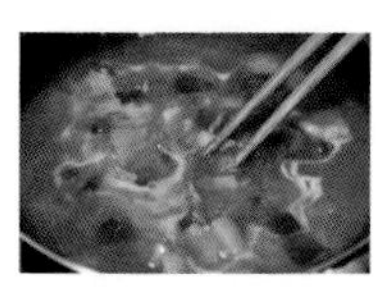

7 盛一碗米饭，浇上熬好的鸡蛋咖喱即可。

烹饪秘籍

相较于其他食材，鸡蛋处理的时间最短，可以有效节省早晨的时间，还十分营养。用鸡蛋煮的咖喱，口感更加柔滑、浓郁。

心灵与味觉的旅行

粢饭团

时间 25 分钟

难度 中

主料 大米 100 克 | 糯米 50 克 | 油条半根 | 卤蛋 1 颗

辅料 萝卜干 30 克 | 肉松 50 克 | 熟花生仁适量 | 黑芝麻适量

做法

准备

1 糯米提前浸泡2小时以上，与大米一起蒸成米饭，水量要略少于平时蒸饭。

2 花生仁、萝卜干切碎，卤蛋切开成四瓣。

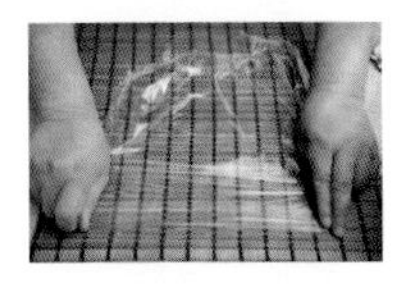

3 寿司卷帘平放，上面铺上一张保鲜膜，撒上适量黑芝麻。

铺压原料

4 盛适量温热的米饭到保鲜膜上，摊开，轻轻压实。米饭不用太多，能把馅料都裹起来就好。

5 在米饭上撒上一层肉松、适量花生碎和一些萝卜干。

卷起压实

6 正中央放半根油条，紧挨着油条码上卤蛋。

7 抓住寿司卷帘将饭团卷起来，压紧。去掉卷帘，将两端的保鲜膜拧一下。食用时去掉保鲜膜即可。

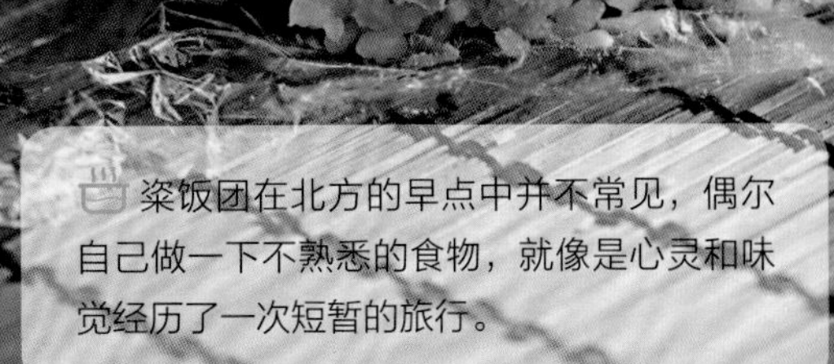

粢饭团在北方的早点中并不常见，偶尔自己做一下不熟悉的食物，就像是心灵和味觉经历了一次短暂的旅行。

烹饪秘籍

粢饭团除了做成咸的，还可以把萝卜干替换成砂糖和黑芝麻粉，同时把油条烤酥脆，就变成了甜饭团。如果没有寿司卷帘，可以用厚度适中的杂志替代，从书脊的一端开始卷就好。

宝宝的最爱

奶酪饭团

主料 大米 200 克 | 玉米粒 30 克 | 青椒 30 克 | 胡萝卜 30 克 | 奶酪片 3 片

辅料 海苔碎适量 | 食用油适量

剩米饭摇身变成可爱的小饭团，盖上一层奶酪被子，软糯的米饭与奶酪的香浓融合在一起，咬一口滋味浓郁，是早餐的极佳选择。

做法

晚间准备

1 大米洗净，放入电饭煲中，加入煮饭量的水，按下煮饭键，预约为明天早餐时间做好。

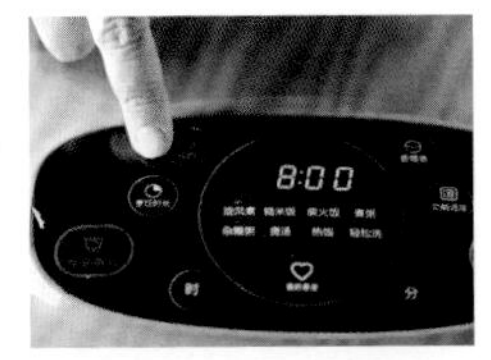

2 青椒洗净、去蒂，胡萝卜洗净去皮，均切成小丁，放入保鲜盒，入冰箱冷藏。

炒制搅拌

3 炒锅烧热放油，放入玉米粒、青椒丁和胡萝卜丁，翻炒1分钟盛出。

4 取一个大碗，放入米饭和炒好的蔬菜丁搅拌均匀。

定形

5 戴上手套，将米饭揉成一个个直径五六厘米的圆饭团。

6 奶酪分成等分的4片长片。在每个饭团上十字交叉放上奶酪片。

焗烤

7 将饭团放入微波炉，中高火转2分钟。

8 取出后在每个饭团上撒上适量海苔碎即可。

营养贴士

大部分速食食品，如汉堡，热量都非常高。而饭团的主要成分是大米与海苔，低脂低热量，搭配富含蛋白质的奶酪，营养丰富又不易导致发胖。

烹饪秘籍

如果揉饭团的时候米饭有黏连，可以适量加些香油拌匀即可。

春天的颜色

西蓝花饭团

主料　大米 200 克｜西蓝花 50 克
　　　培根 50 克｜胡萝卜 30 克
辅料　盐 1/2 茶匙｜食用油适量

小清新的西蓝花饭团很像漂亮的满天星，配上咸香的培根和香甜的胡萝卜，咬下一口格外满足。

做法

晚间准备

1
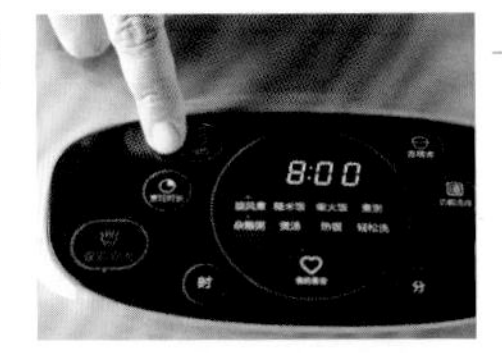

大米洗净，放入电饭煲中，加入煮饭量的水，按下煮饭键，预约为明天早餐时间做好。

2

西蓝花洗净切小朵，放入盐水中浸泡一晚。

3

胡萝卜去皮洗净切小丁、培根切成小丁，放入保鲜盒，入冰箱冷藏备用。

搅拌

4

锅中烧开水，将西蓝花放入烫30秒后捞出。

5

将西蓝花切碎，切得越碎越好。

6

将米饭与西蓝花碎充分拌匀。

制作饭团

7

锅中放油烧热，放入胡萝卜和培根翻炒1分钟。

8

戴上手套，将米饭放在手中压扁。

9

放入炒好的胡萝卜和培根碎，捏成圆团即可。

营养贴士

西蓝花的平均营养价值及防病作用远远超出其他蔬菜。它含有的维生素种类非常齐全，尤其是维生素C和叶酸的含量丰富，并且含有具有抗癌功效的植物化学物质。

烹饪秘籍

西蓝花提前掰成小朵，放入盐水中浸泡一晚，早晨清洗干净即可。

彩虹的味道

五彩饭团

时间 20分钟　难度 低

早餐开启新的一天，不光好吃，还得好看。饭团只是一种吃掉米饭的形式，当然可以依照我们的习惯，用我们的食材做中国人的饭团。

主料 米饭 200 克

辅料 胡萝卜 50 克 | 干香菇 2 个
火腿肠 1 根 | 莴笋 50 克
鸡精 1/2 茶匙 | 盐 1 茶匙 | 食用油少许

营养贴士

胡萝卜中的胡萝卜素，进入人体后转变为维生素A，可维持正常视觉功能，让你长期面对电脑的眼睛得到保护。火腿肠中的蛋白质和米饭中的碳水化合物，可赋予能量，让你拥有活力四射的一天！

做法

准备

1 胡萝卜、莴笋去皮，香菇泡发去蒂，冲洗干净。米饭加热回温。

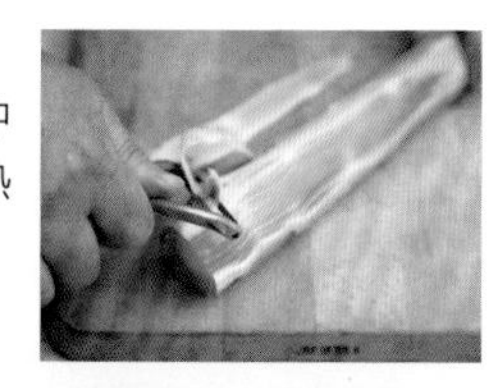

2 处理好的蔬菜和火腿肠，切成同样大小的小丁待用。

炒制搅拌

3 炒锅放少许油，将蔬菜和火腿肠丁炒到略软，加盐、鸡精拌炒均匀。

4 炒好的配菜放入温热的米饭中，切拌均匀。切拌的方法可以更好地保证米粒的完整性。

制作饭团

5 取一张大一些的保鲜膜，对折使保鲜膜两层重叠，增加韧性不易破。

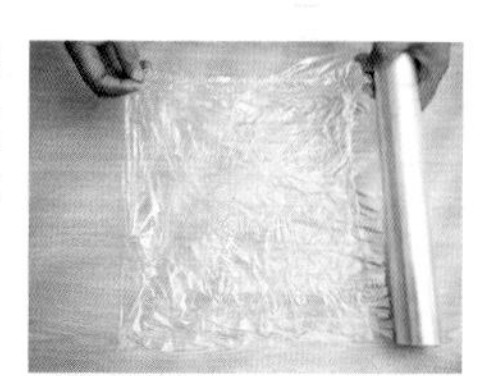

6 将保鲜膜放在手掌上，挖一勺拌好的米饭放在保鲜膜中央。

7 手掌拢起，将米饭包住，保鲜膜收口处拧紧，使饭团成球状。

8 去掉保鲜膜，将剩余的拌饭依照同样方法包成饭团即可。

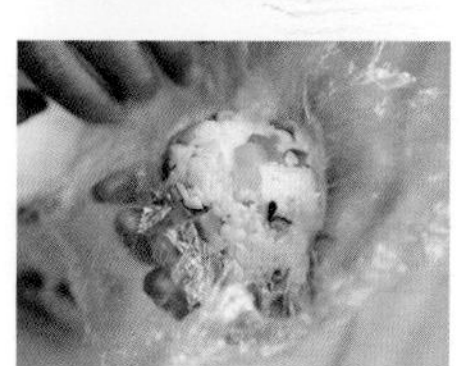

烹饪秘籍

做这种蔬菜小饭团，对于蔬菜的种类没有限制。色彩鲜艳的食物能使人心情愉悦，因此注意颜色的搭配即可。如果喜欢吃辣味的，可以在拌饭的时候加一些辣椒酱，同时注意炒配菜的时候盐要减量。

可爱又美味

小胖子饭团

时间 25分钟

难度 中

一张海苔，可以包裹进任何你喜欢的食材，各种美味叠加在一起，因为有保鲜膜的帮助，所以不用担心紫菜破裂或者裹不起来，想放什么就放什么。

主料 肥牛片 50 克 | 米饭 1/2 碗
寿司海苔 1 片 | 青椒 1/4 个 | 洋葱适量

辅料 沙拉酱适量 | 黑胡椒粉适量
料酒 2 茶匙 | 生抽 1 茶匙 | 盐 1 茶匙
白糖 1/2 茶匙 | 淀粉 1/2 茶匙
熟白芝麻适量 | 食用油少许

营养贴士

海苔是烤熟的紫菜，浓缩了紫菜中的多种营养，特别是硒和碘的含量十分丰富，有利于儿童生长发育，对老年人延缓衰老也有帮助。饭团中的肥牛、蔬菜等，又为这款早餐补充了蛋白质和维生素，使营养更全面。

做法

准备

1 肥牛片解冻，加入黑胡椒粉、料酒、生抽、盐、白糖和淀粉，抓拌均匀，腌制一会儿。

2 青椒去蒂、去子，切成长条。洋葱切长条。洋葱尽量选嫩的部分，切的时候切断纤维。

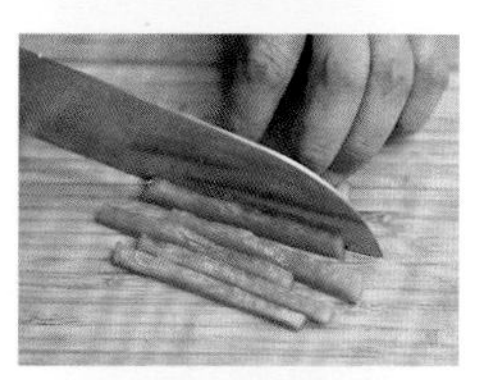

3 中火加热平底锅，锅中放少许油，八成热时放入肥牛片，快速滑炒到变色即关火，不要盛出来。

铺料调味

4 海苔平放，光滑一面朝下。取一半米饭平铺在海苔中央，面积约为手掌大小，略压平。

5 在米饭上挤上沙拉酱，撒上熟白芝麻。

卷制

6 将炒好的肥牛片放在米饭上，摊开，锅里的汤汁不要倒进去，以免饭团变湿。

7 在肥牛上放上青椒条和洋葱条，盖上另一半米饭。

8 海苔每两个相对的角交叠，将饭团包成方形，包紧。用保鲜膜将饭团裹紧，再从中间一切为二即可。

烹饪秘籍

肥牛片炒好之后不要从锅里盛出来，关火即可，利用锅的余温给肥牛保温。虽然有保鲜膜帮助，但是紫菜面积有限，饭团里还是不要放太多东西，包起来如果露出白色的米饭就不好看了。

花样新吃法

米饭煎饼

时间 10 分钟

难度 低

剩米饭的妙用有哪些？蛋炒饭吃腻了？寿司太麻烦？那一定要试试这款，洁白的米饭浸泡在金黄的鸡蛋液中，煎得醇香酥脆！

主料 大米 200 克 | 鸡蛋 2 颗

辅料 盐 1 茶匙 | 食用油适量

做法

晚间准备

1 大米洗净，放入电饭煲中，加入煮饭量的水，提前一晚煮好。

2 煮好的米饭打散，凉凉后放入冰箱冷藏。

搅拌调味

3 取出米饭，带上一次性手套用手抓散。

4 打入2颗鸡蛋，继续搅拌均匀，让米饭充分裹上蛋液。

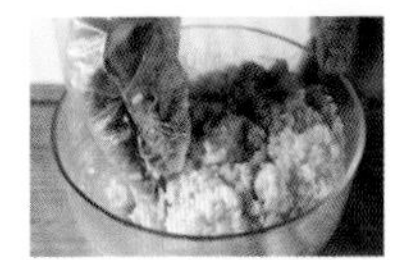

5 加入盐搅拌均匀。

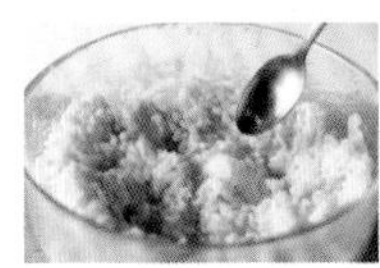

煎制

6 平底锅烧热放油，将米饭倒入，摊成一个个的小圆饼。

7 煎至两面金黄即可。

烹饪秘籍

刚入锅的米饭饼不要动它，小火让它慢慢定形，待蛋液凝固再翻面。

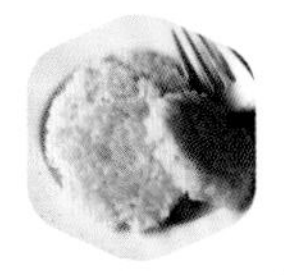

爽脆王者

土豆丝饼

时间 20分钟

难度 中

主料 土豆2个

辅料 盐1茶匙 | 白胡椒粉1/2茶匙

香葱10克 | 食用油1汤匙

黑芝麻适量

做法

准备

1 土豆去皮，冲洗干净，擦成细丝待用。

2 香葱去根，洗净，切成小粒。

3 将土豆丝放入一大碗中，加入盐、白胡椒粉和香葱粒，搅匀待用。

煎制

4 开中火加热平底锅，放入少许油抹匀。

5 用汤勺舀一勺土豆丝，摊平在平底锅上，厚度尽量均匀，撒少许黑芝麻，转小火慢煎。

6 待土豆丝饼定形，一面金黄后翻面煎另一面。两面金黄后即可出锅。

烹饪秘籍

擦好的土豆丝不用水洗，土豆丝表面渗出的淀粉更容易让土豆丝饼黏合在一起。喜欢脆些的口感，就把饼摊得薄些，喜欢外脆内软的口感，饼就摊厚些。

土豆既是蔬菜又是粮食，富含维生素及碳水化合物。擦成细丝，加点儿喜欢的调料，简简单单便做好一顿营养丰富的早餐。

春天的小清新

鸡肉卷

时间 15分钟

难度 低

好怀念那退市的“墨西哥鸡肉卷”。现炸的鸡柳金黄酥脆，加点配菜、酱料，轻轻卷起来，春饼和鸡柳的浪漫邂逅因你而起。

主料 春饼2张｜速冻鸡柳6条

辅料 生菜2片｜番茄1/2个

千岛酱2汤匙｜番茄酱1汤匙

食用油适量

做法

准备

1 番茄洗净，切成粗条。生菜洗净，撕成小片。

煎制

2 锅中放油，放入速冻鸡柳，小火煎熟。

3 取几张纸巾叠放，将煎熟的鸡柳捞出，放在纸巾上，吸掉多余油分。

4 小火加热平底锅，将春饼放在锅中加热1分钟，使春饼恢复松软。

卷制

5 加热过的春饼放在砧板上，在正中间放3条鸡柳。

6 挨着鸡柳放一半的生菜片和番茄条，挤上千岛酱和番茄酱，将春饼卷起即可。

烹饪秘籍

春饼在超市和副食店都可以买到，有条件的话也可以平时自己烙好冷冻，随吃随取。除了鸡肉卷，在春饼中卷火腿或是煎过的培根同样美味。

早点铺的常客
鸡蛋卷饼

时间 10分钟

难度 低

做一张鸡蛋卷饼，把喜欢的食材放上，完全包裹住。清晨的第一顿，需要熟悉的味道带来的安全感。

主料 麦西恩原味饼皮 1张 | 火腿片2片 奶酪片1片 | 鸡蛋1颗

辅料 食用油适量

自己烙饼？别费心思了，从袋子里取出来热一热就行，如此简单，岂不快哉？

做法

准备

1 火腿片、奶酪片切细长条。

2 将鸡蛋磕入碗中打散，搅拌成蛋液。

炒制

3 炒锅加热放油，倒入蛋液，用筷子炒散后盛出。

卷起烤制

使用半成品

4 在饼皮中放上炒好的鸡蛋、再放上火腿片和奶酪片卷起。

5 卷好的饼放入平底锅，小火慢烤30秒。

6 盛出，对半切开即可。

烹饪秘籍

如果时间充裕，可以用烤箱加热卷好的饼，在饼皮上涂抹一层薄薄的蛋黄液，放入烤箱烤至奶酪融化即可。

健康 DIY
鸡蛋灌饼
时间
15 分钟
难度
中

主料　手抓饼 1 张 | 鸡蛋 1 颗

辅料　生菜 1 片 | 沙拉酱 2 茶匙

番茄酱 2 茶匙 | 火腿肠 1 根

手抓饼，经过简单处理就可变身鸡蛋灌饼。只要稍稍用一点心，它的口感会介于鸡蛋灌饼和印度飞饼之间。担心外面的地沟油吗？那就DIY你自己的灌饼来吃吧！

做法

准备

1 生菜洗净，撕成小片。火腿肠纵向剖开成两条。

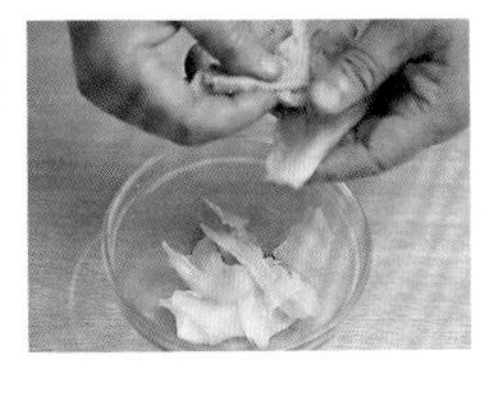

煎制灌蛋

2 小火加热平底锅，不放油，锅热后放入手抓饼，保持小火加热。

3 将手抓饼煎至一面金黄，翻面。在饼上磕1颗鸡蛋，用筷子将鸡蛋黄戳破。

4 将剖开的火腿肠放在手抓饼旁边，盖上锅盖煎约1分钟。

5 蛋清略发白凝固后，再次将饼翻面，不盖盖煎到鸡蛋熟透。

卷起调味

6 将手抓饼取出放在盘子里，有鸡蛋的一面朝上。

7 在饼中间放上生菜、火腿肠。

8 挤上番茄酱、沙拉酱，将饼卷起即可。

烹饪秘籍

这道早餐的主料，可选择市面上销售的印度飞饼或手抓饼两种，无论选择哪种，操作方法都相同。手抓饼和印度飞饼含油量都比较大，煎的时候不用放油。

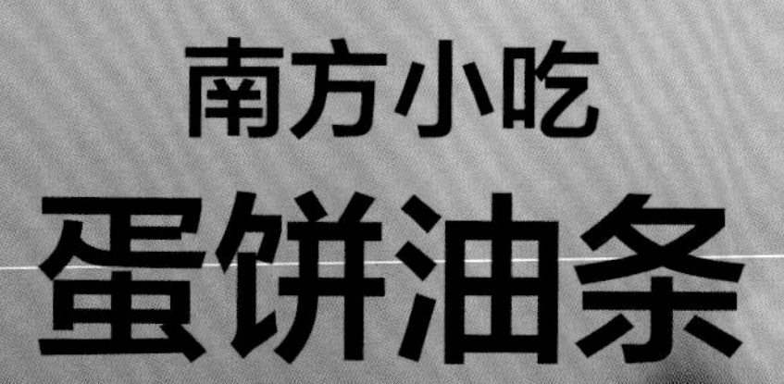

南方小吃
蛋饼油条

时间 20分钟

难度 中

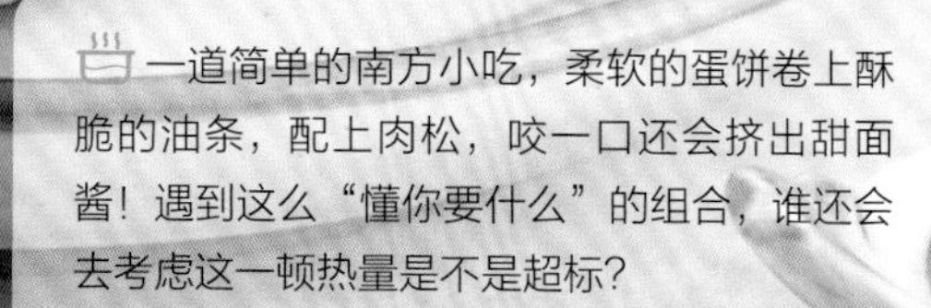

一道简单的南方小吃，柔软的蛋饼卷上酥脆的油条，配上肉松，咬一口还会挤出甜面酱！遇到这么“懂你要什么”的组合，谁还会去考虑这一顿热量是不是超标？

主料 油条 1 根 | 鸡蛋 2 颗 | 面粉 2 汤匙

辅料 香葱 5 克 | 盐 1/2 茶匙
白胡椒粉 1/2 茶匙 | 甜面酱 2 茶匙
肉松 1 汤匙 | 食用油少许

烹饪秘籍

蛋饼里放的甜面酱最好选择烤鸭专用的那种，不会太咸。如果是普通甜面酱，可加些糖，用少量水稀释之后口感更柔和。当然也可以根据自己的口味将甜面酱替换成烤肉酱等口味偏咸的酱料。

做法

1

香葱洗净切成小粒。鸡蛋磕入碗中打散。

2

将盐、白胡椒粉、面粉和香葱粒加入鸡蛋液中，充分搅拌到没有面粉颗粒，形成蛋糊。

3

油条放入烤箱，120℃加热5分钟，使油条恢复酥脆。

煎制

4

中火加热平底锅，锅中放少许油，抹匀。

5

锅热后倒入蛋糊，转动平底锅使蛋糊均匀铺满锅底，转小火加热。

卷制调味

6

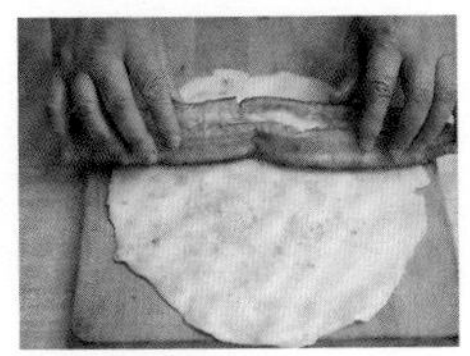

蛋饼凝固后关火。将油条放在蛋饼1/3处。

7

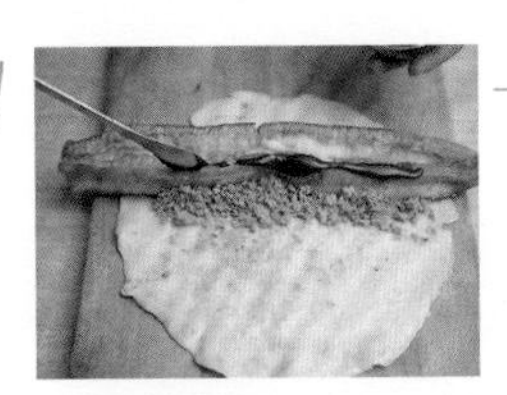

挨着油条撒上肉松，挤少许甜面酱。

8

用蛋饼将油条卷起，出锅，用刀从中间一切为二即可。

香辣酥脆
烧饼夹里脊

时间
20分钟

难度
低

以前在街边买烧饼夹里脊的时候，就很好奇怎么能把猪里脊肉处理得那么嫩，吃过几次之后觉得那好像是鸡肉。一小撮孜然粉，少许辣椒粉，酥脆的烧饼……口水要决堤啦！

主料 里脊肉 200 克 | 炸鸡粉 20 克
油酥火烧 2 个 | 生菜适量

辅料 孜然粉 1 茶匙 | 辣椒粉 1/2 茶匙
食用油适量

烹饪秘籍

里脊肉很容易熟，肉片捶打后又很薄，煎的时间要短，保持肉质鲜嫩。除了里脊肉，还可以选用鸡胸肉，也可以用同样的方法处理。

做法

准备

1

里脊肉冲洗干净，用纸巾擦干水，用刀片成大片。生菜撕成小片，冲洗干净。

2

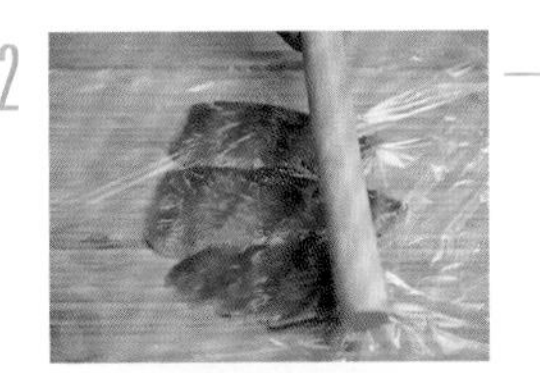

里脊肉铺在砧板上，盖上一层保鲜膜，用擀面杖敲打成约2倍大。

3

将变薄的里脊肉片改刀成小片。因为最后要夹在烧饼里，肉片不要切得太小。

腌制切备

4

里脊肉片两面裹上薄薄一层炸鸡粉，腌制20分钟以上。

5

油酥火烧从中间划开，不要切断，平底锅不放油，将火烧放入，小火加热使火烧回温后取出。

煎制夹好

6

锅中放适量油，放入里脊片，小火煎到里脊肉变色。

7

转大火煎至表面微焦，出锅前撒适量孜然粉和辣椒粉。

8

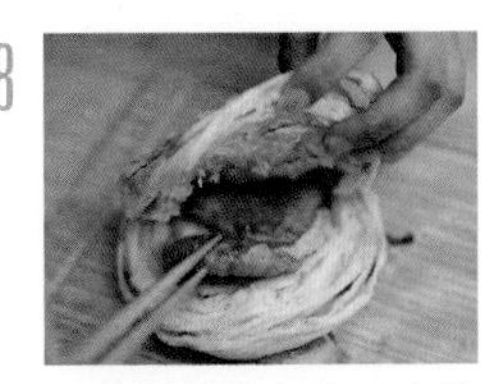

将煎好的里脊片和生菜夹入火烧中即可。

大口的满足

快手肉夹馍

时间 15分钟

难度 低

主料 肘子肉 100 克 | 烧饼 2 个

辅料 尖椒 1 个 | 香菜 2 棵

做法

准备

1. 市售肘子肉切成小丁，蒸锅上汽后入锅蒸10分钟。

2. 尖椒去蒂去子，冲洗干净，切成小丁。香菜去根，洗净，切碎。

3. 将香菜碎和尖椒丁放入蒸好的肘子肉中，搅拌均匀。

回温

4. 中火加热平底锅，锅热后放入烧饼和2汤匙水，盖锅盖到水烧干，给烧饼加热回温。

切开夹馅

5. 烧饼平放，用刀划开3/4，不要切断。

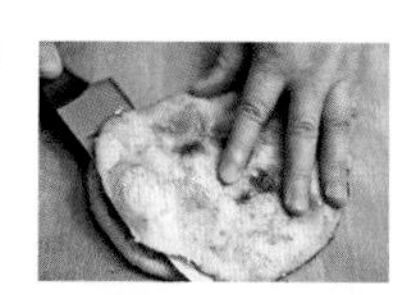

6. 掀开烧饼，用勺子把拌好的肘子肉夹进去即可。

喜欢肉夹馍又觉得自己炖肘子太费事吗？何不试试超市里炖好的熟食。买回来切片加热一下，再烤上两个酥脆的烧饼，虽然比不上饭店里的腊汁肉夹馍，咬一口，照样是满嘴流油的满足。

烹饪秘籍

买肘子肉的时候不要选太瘦的，纯瘦的肘子肉做肉夹馍会比较干。肘子肉蒸过之后会出肉汤，肉汤不要扔，跟肘子肉一起夹在烧饼里会有腊汁肉夹馍的效果。

快手美味
鸡蛋素炒饼

时间
20 分钟

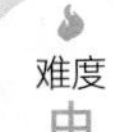
难度
中

主料 饼丝 200 克 | 圆白菜 200 克
鸡蛋 1 颗 | 香葱 20 克

辅料 甜面酱 1 汤匙 | 盐 1 茶匙 | 酱油 1 汤匙
香油 1 茶匙 | 食用油适量

家里吃不了的烙饼，切成丝就是不错的早餐主角。

做法

准备

1 圆白菜洗净切丝。

2 鸡蛋磕入碗中打散，搅拌均匀。

预炒制

3 炒锅烧热放油，倒入蛋液炒熟后盛出。

4 香葱洗净去根，切丝，放入锅中爆香。

5 加入圆白菜丝翻炒至七成熟。

混合调味

使用半成品

6 放入饼丝、酱油、盐和甜面酱，翻炒。

7 出锅之前放入炒好的鸡蛋碎和香油，翻炒均匀即可。

炒饼是一种北方的传统面食，将熟饼切成细条或丝状，然后加油、圆白菜和其他配菜爆炒而成。蔬菜和主食在这一道炒饼中全都有了，省时又营养。

烹饪秘籍

炒饼好吃的三要素：甜面酱、葱末和香油，想要炒饼好吃，缺一不可。

贴心老味道

老北京糊塌子 / 西葫芦鸡蛋饼

时间 20分钟 | 难度 低

这是一款老北京传统小吃，其最大优势是省时省力，可以搭配中式、西式、日式等任何酱汁，并且满足了早餐需要的全部营养元素。

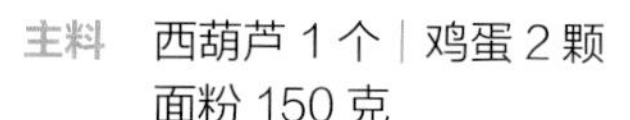

主料 西葫芦 1 个 | 鸡蛋 2 颗
面粉 150 克

辅料 盐 2 茶匙 | 花椒粉 1/2 茶匙
大葱 5 克 | 食用油适量

做法

准备面糊

1. 西葫芦去蒂、洗净，对半剖开，用勺子挖去子。

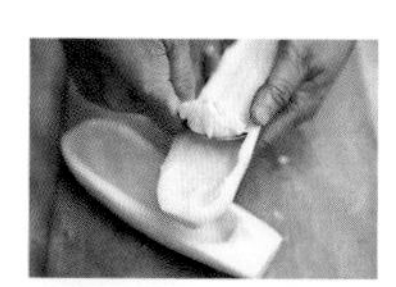

2. 用擦丝器将西葫芦擦成细丝，放入一小盆中。大葱切碎成葱末。

3. 盆中打入2颗鸡蛋，加入盐、花椒粉、葱末，搅拌均匀。

4. 加入面粉，搅匀至没有干粉颗粒，静置15分钟之后再次搅匀。西葫芦加盐会出水，因此需要二次搅拌。

煎制

5. 小火加热平底锅，放入少量油抹匀。

6. 油热后向锅中加入一汤勺面糊，用勺背将面糊摊开。

7. 待面糊定形，一面成金黄色后借助铲子翻面，烙至两面金黄后即可出锅。

烹饪秘籍

传统的糊塌子在吃的时候会蘸醋蒜汁，即将蒜蓉加入香油、醋中，调匀即可。西葫芦水分很大，加盐后会出汤，所以不用额外加水。如果喜欢吃特别薄的饼，可以适当加水，面糊越稀，摊出的饼越薄。

变废为宝的美味

玉米蔬菜豆渣饼

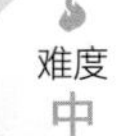

主料 豆渣100克 | 玉米粉100克
鸡蛋2颗 | 芹菜50克 | 胡萝卜50克

辅料 香油2茶匙 | 盐2茶匙
白胡椒粉1茶匙 | 食用油适量

做法

准备

1 豆渣包在纱布里，充分绞干。

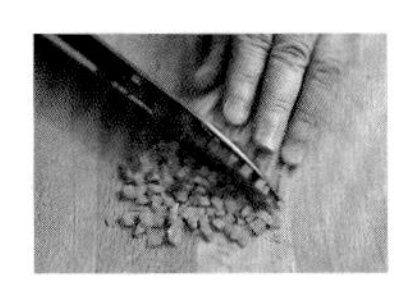

2 胡萝卜去皮，与芹菜洗净，切成同样大小的颗粒。

制团压饼

3 炒锅中放少量油，下胡萝卜与芹菜粒炒到略软，加白胡椒粉、盐和香油拌炒均匀。

4 豆渣中加入玉米粉、鸡蛋和炒好的蔬菜粒，拌匀成团。

5 将拌好的豆渣面团搓成小球，再按压成小圆饼。

煎制

6 中火加热平底锅，锅中放适量油，下豆渣饼。

7 豆渣饼煎到一面金黄后翻面，两面金黄后即可出锅。

自己在家做豆浆，总会过滤出很多豆渣。很多营养成分和绝大部分的膳食纤维，都包含在豆渣里。加点儿调料处理一下，就能变废为宝，收获满满的营养。

烹饪秘籍

鸡蛋在豆饼中除了使营养更丰富，还起了黏合作用。如果豆渣比较湿，可以少放1颗鸡蛋，同样的，如果比较干，再加些蛋液即可。

甜蜜的滋味

泰式香蕉飞饼

时间
15 分钟

难度
中

香蕉飞饼是泰国常见的街边小吃！ 面饼里面夹杂着香蕉，口感是想象不到的香脆清甜。足不出户，也能轻松还原泰式小吃。

主料 印度飞饼 1张 | 香蕉 1根 | 鸡蛋 1颗

辅料 白糖 1/2 茶匙 | 食用油适量 | 面粉少许

营养贴士

香蕉富含磷、钾等矿物质，以及蛋白质、可溶性膳食纤维，是很好的营养食品。早餐吃上一块香蕉饼，能让你一天充满活力，更可增强免疫力。

做法 自己做飞饼费时费力又考验技术，不如买现成的飞饼。

使用半成品

准备制馅

1

印度飞饼皮，撒上一些面粉，用擀面杖擀薄擀大。

2

香蕉去皮切片。

3

将香蕉片放入碗中，打入1颗鸡蛋，放入白糖搅拌均匀。

煎制浇馅

4

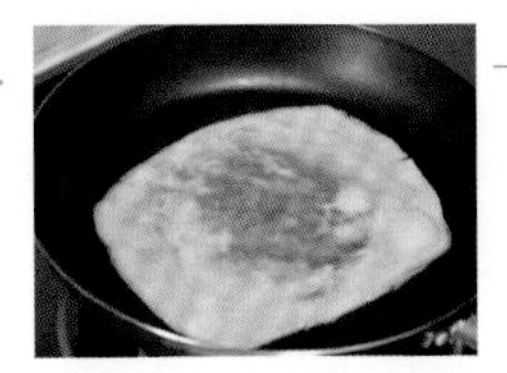

平底锅放油，放入薄饼小火慢煎。

5

在中心倒入香蕉蛋液。

烹饪秘籍

喜欢吃味道浓郁的，出锅后可以再挤上炼乳，味道会更加香甜。

包好煎制

6

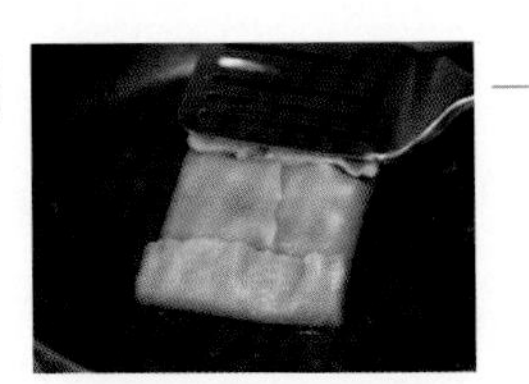

将四周的饼皮包起来，煎1分钟使其定形。

7

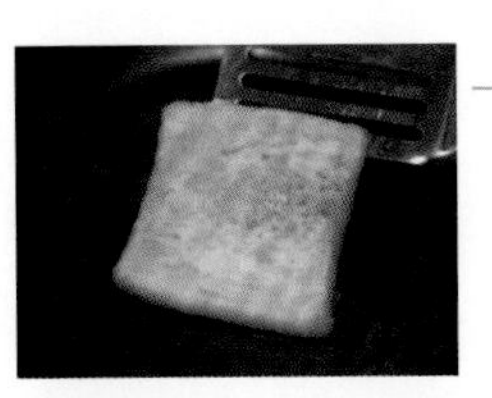

然后翻面煎1分钟，即可盛出。

8

切小块即可食用。

粗粮新吃法

奶香玉米饼

时间
20 分钟

难度
低

主料 玉米面 70 克 | 面粉 30 克 | 牛奶 50 克
黄油 20 克 | 鸡蛋 1 颗

辅料 白糖 40 克 | 泡打粉 1 茶匙

我们都知道多吃粗粮有好处，但是吃惯了大米、白面，可能会觉得玉米面有点儿粗糙，口感不好。换一种料理方式，把玉米面变得像点心一样，吃粗粮就从完成任务变成了享受。

做法

制作面糊

1 鸡蛋磕入碗中打散，黄油隔水融化成液体待用。

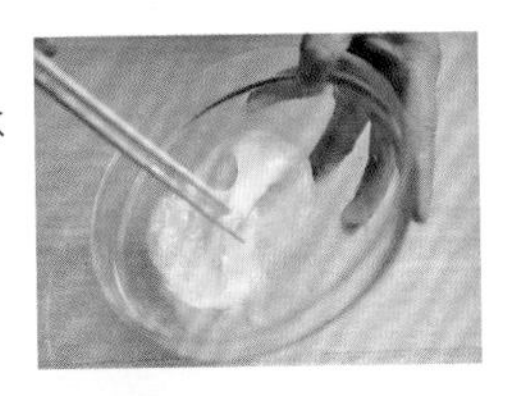

2 牛奶放入小盆中，加入蛋液、黄油，充分搅拌均匀。

3 将玉米面、面粉、白糖和泡打粉搅拌均匀成混合粉。

4 将混合粉加入到牛奶蛋液体中，充分搅拌均匀到没有干粉，醒15分钟以上。

5 中火加热平底不粘锅，醒好的面糊重新搅拌均匀以免分层。

煎制

6 锅热后转小火，将面糊缓缓倒入锅中，使面糊摊成圆饼形。

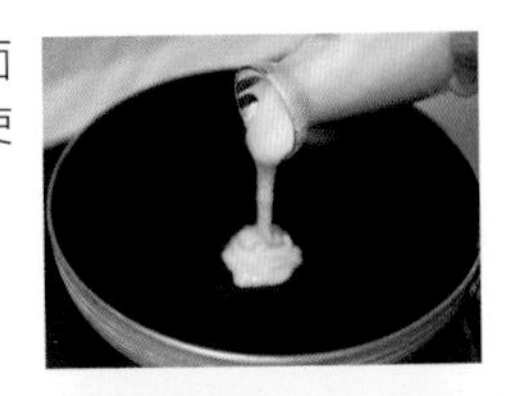

7 面糊表面干燥，出现许多小孔时，将玉米饼翻面。翻过来的一面应该已经煎成了金黄色。

8 翻面后继续煎2分钟左右，到玉米饼熟透即可出锅。

烹饪秘籍

煎玉米饼的时候，面粉里添加的液体要根据粉类实际的吸水情况酌情判断。面糊水多，流动性强，更容易摊出圆润漂亮的面饼。用小口容器垂直缓慢地将面糊倒在平底锅上，期间手不要移动，面糊会自动摊开成圆形。

早餐精品

挂面煎饼

时间
20 分钟

难度
低

谁说只有面粉才能做饼？吃不掉的挂面也可以。挂面煮好之后混上鸡蛋，煎得酥酥的，配上蔬菜和酱料，你会忘记它是挂面做的。

烹饪秘籍

尽量选宽一些的挂面，最好不要用龙须面。细面条容易叠在一起，中间没有空隙，要蛋液流入到挂面的空隙中才能达到外焦内软的口感。挂面易熟，煮的时间不要太长，否则易断，后续不好操作。

主料 挂面 150 克 | 鸡蛋 3 颗 | 芹菜 1 根
培根 3 片 | 香葱 1 根

辅料 甜面酱 2 茶匙 | 黄豆酱 2 茶匙
白糖 1 茶匙 | 食用油适量 | 料酒 1 茶匙
白胡椒粉适量 | 熟白芝麻适量

做法

准备

1 香葱去根，洗净后切小粒。芹菜洗净，切小粒。培根切小条。

2 鸡蛋打散，加入料酒和白胡椒粉，搅拌均匀。黄豆酱、甜面酱加上白糖搅匀成抹酱。

3 挂面放入沸水中煮到七成熟，捞出沥干后拌入少许油，防止面条粘连。

煎制

4 中火加热平底锅，锅热后放入1汤匙油，抹匀。放入挂面，摊平使面条覆盖锅底。

5 在面条表面均匀淋下蛋液，蛋液定形、微焦后翻面，煎到两面金黄后盛出放到砧板上。

调味

6 在煎饼表面涂上一层抹酱，在半边撒上一层芹菜粒。

7 放上培根条，撒香葱粒、适量白芝麻。将煎饼对折夹住内馅。用快刀切块即可装盘。

丰收的味道

彩蔬炒面

时间 25分钟

难度 低

主料 切面300克 | 火腿片100克

辅料 圆白菜100克 | 胡萝卜50克
洋葱50克 | 大蒜2瓣 | 生抽2茶匙
蚝油1茶匙 | 黑胡椒粉1/2茶匙
白糖1/2茶匙 | 食用油适量 | 盐适量

做法

准备

1 火腿片切成窄条。胡萝卜去皮切细丝。洋葱去老皮切窄条。圆白菜去梗切粗丝。大蒜去根、去皮，切成小粒。

2 汤锅加足量水，水开后下面条煮到七成熟，捞出过凉水，充分沥干。过凉可让炒出的面更加筋道。

混合炒制

3 中火加热炒锅，锅内放入油，烧至六成热时下蒜粒爆香。

4 下胡萝卜丝，翻炒约30秒，炒到略变软。放入火腿条和洋葱条，快速翻炒。

5 转大火，下圆白菜丝，快速炒匀后放入煮好的面条。

调味

6 放入全部调料，大火快速拌炒均匀即可出锅。

烹饪秘籍

炒面条的全过程，一直使用大火，炒的时候动作尽量快速，炒匀即可，这样才能炒出锅气十足、干爽筋道的炒面。面条煮后不马上炒的话要拌入适量油，以免粘连。选择圆身的鲜切面，做出的炒面筋道不易烂。

时间
20 分钟

鸡丝凉面是一道四川传统小吃，麻辣的调味料加上用冰水过凉的面条，吃起来非常爽口，绝对是夏季的开胃食物。

主料 面条200克 | 鸡胸肉100克
黄豆芽30克 | 香葱2根

辅料 火锅芝麻酱 1盒 | 香油1茶匙
料酒1汤匙 | 盐1茶匙 | 生姜2片
香葱适量

烹饪秘籍

如果鸡胸肉很难撕开，可以将鸡胸肉放入保鲜袋中，用擀面杖将其敲散，可以更容易地将鸡肉撕开。

做法 使用火锅芝麻酱，调制复合味型的芝麻调味汁，使做法一下子简单好多。

制作鸡丝

1

鸡胸肉洗净，锅中放入清水、鸡胸肉、1汤匙料酒、1茶匙盐、2片生姜。

2

大火烧开后转小火煮15分钟，至鸡胸肉全熟。

3

鸡胸肉捞出，按照纹理撕成细丝。

煮制过凉

4

黄豆芽洗净、锅中烧开水将豆芽焯熟。香葱洗净切段。

5

煮鸡胸肉的同时煮面条，沸水中放入面条煮至全熟，捞出过凉水。

营养贴士

鸡胸脯肉是鸡身上热量比较低的部位，蛋白质含量较高，且易被人体吸收，是减肥期间蛋白质的极佳来源，非常适合减肥人群食用。

混合调味

6

面条沥干，放入大碗中，加入1茶匙香油，用筷子搅散，放入豆芽。

7

把香葱段和鸡胸肉丝放入面条大碗中。

8

使用方便调料

倒入火锅芝麻酱拌均匀即可。

金银好搭配

鸡蛋乌冬面

时间 15分钟

难度 低

乌冬面是一种日本面食，以小麦为原料制成，其口感介于切面和米粉之间，口感偏软，老少咸宜，十分可口。

主料 乌冬面200克 | 鸡蛋1颗 | 香菇2个 | 洋葱50克

辅料 浓汤宝1块 | 食用油适量

做法 市面上有很多汤底调料，使用起来很方便，高汤从来难不倒懒人。

准备

1 香菇洗净，去蒂切片；洋葱洗净，去皮切丝。

煮汤

2 炒锅烧热，放入食用油，放入洋葱和香菇炒香，加入适量水煮开。

使用方便调料

3 放入1块浓汤宝。

煮面煮蛋

4 煮滚后放入乌冬面煮2分钟。

5 鸡蛋打散至碗中，搅拌均匀。

6 将蛋液倒入锅中，不要搅拌，煮1分钟关火即可。

烹饪秘籍

如果想吃筋道一点的乌冬面，可以在煮汤的时候，另起一锅煮熟乌冬面后捞出，最后在乌冬面中倒入汤即可。

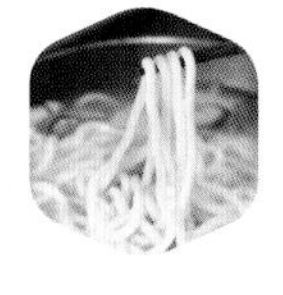

主料 挂面 50 克 | 番茄 1 个 | 鸡蛋 1 颗
辅料 大葱 3 克 | 香葱 1 根
白胡椒粉 1/2 茶匙 | 鸡精 1/2 茶匙
盐 1 茶匙 | 香油 1 茶匙 | 食用油适量

平易近人
番茄鸡蛋面

时间 20 分钟　难度 低

做法

炒制

1 番茄洗净去蒂，切成小块。香葱去根，切小粒。大葱切成葱花。

2 中火加热炒锅，锅热后放少许油，下葱花爆香。

3 放入番茄，翻炒到变软，出红油。

煮制汤底

4 放入鸡精。加足量水，转大火烧开成汤底。

5 锅中的汤即将要沸腾的时候，磕入1颗鸡蛋，转小火。不要搅动，煮成荷包蛋。

煮面调味

6 荷包蛋蛋清部分变白、变硬后，将挂面放入，转中火煮。

7 放入盐、胡椒粉调味。将面条煮熟，出锅前淋入香油，撒上香葱粒即可。

烹饪秘籍

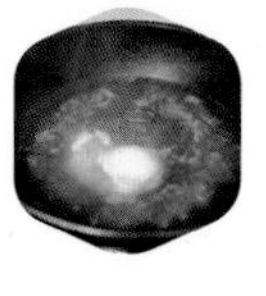

在汤面中加荷包蛋的做法，在北方叫“卧鸡蛋”。在沸水中直接磕入鸡蛋会把蛋清“煮飞”，在水将沸未沸的时候磕入鸡蛋，再关火闷3分钟，蛋清凝固一些之后再开火煮，可以更好地保证鸡蛋的完整性。

记忆中的鲜味

鲜虾青菜面

时间
15 分钟

难度
高

早餐是一天中最重要的一餐，既要保证营养又要追求快捷，一碗鲜虾面，滋味鲜美又富含营养，简单快捷更是非他莫属。

主料 面条 200 克 | 鲜虾 8 只 | 油菜 100 克 | 鸡蛋 1 颗 | 香葱 20 克

辅料 盐 2 茶匙 | 食用油适量

营养贴士

鲜虾中富含蛋白质，其蛋白质含量是鱼、蛋、奶的十几倍，而且便于消化吸收。儿童及青少年人群经常食用，能增强免疫力，促进生长发育。

做法

晚间准备

1

鲜虾洗净，剪掉虾须，开背去除虾线，剥出虾肉。

2

虾头保留，单独放进保鲜盒，放入冰箱冷藏备用。

3

鸡蛋煮熟，冷藏。

制作汤底

4

香葱切段，锅中放油，下入香葱段炒香。

5

放入虾头，用锅铲用力按压虾头，把虾油挤出来。

6

虾头全部变红后，加水煮开，捞出虾头，虾汤中加2茶匙盐，放入虾肉。

煮面调味

7

煮虾汤的同时，另一锅中烧开水，放入面条、油菜，煮至全熟捞出。

8

将面煮好后捞入虾汤中，水煮蛋去壳，对半切开，将油菜和鸡蛋摆在上面即可。

烹饪秘籍

虾头一下锅就要用铲子快压，挤出虾油。如果虾头熟了，虾油就不能完整地挤出。注意，挤虾油的时候用小火，以免煳锅。

高颜值美味

鲜虾芦笋白汁意面

时间
35 分钟

难度
高

喜欢奶香味的人一定会喜欢白汁意面，浓厚绵密的白汁和海鲜特别配。芦笋作为西餐中的常客，只需几根，就能让简单的家庭料理看起来同样高大上。

主料 长条意面 100 克｜白虾 300 克
芦笋 100 克｜牛奶 200 克
黄油 20 克｜面粉 20 克

辅料 白兰地 1 汤匙｜黑胡椒粉 1/2 茶匙
盐 2 茶匙｜豆蔻粉 1/2 茶匙｜食用油适量

营养贴士

虾富含蛋白质，且肉质细嫩，易于消化吸收。芦笋是低糖、低脂肪、高膳食纤维的食物，其中含有丰富的维生素和矿物质，具有防癌抗癌的功效。

做法

准备

1

芦笋冲洗干净，切去老根，斜刀切成约3厘米的小段。

2

白虾开背，挑去虾线，剥成虾仁，用白兰地抓匀，腌10分钟以上。

3

意面放入沸水中煮熟，煮到略微有些硬心为好。

制作白汁

4

开小火加热炒锅，锅热后放入黄油，小火融化。

5

放入面粉，炒至没有干粉后加入牛奶炒匀。

6

加入黑胡椒粉、盐、豆蔻粉，炒到汤汁变得浓稠即可关火，将白汁盛出。

混合炒制

7

将锅洗干净，中火加热，锅热后放入少量油，放腌好的虾仁和芦笋，炒到虾仁卷曲变色。

8

放入意面，加入适量的白汁，炒匀即可出锅。

烹饪秘籍

吃不完的白汁可以在冷却之后放入冰箱，密封保存并尽快吃完。芦笋根部很老，可以用菜刀在根部试着切，感觉到刀没有太大阻力的时候，剩下的就是芦笋很嫩可以食用的部分。

健身族的最爱

牛油果虾仁意面

时间 25分钟

难度 高

主料 意面 100 克 | 速冻虾仁 6 个 | 牛油果 1 个

辅料 大蒜 2 瓣 | 盐 1 茶匙 | 黑胡椒 1/2 茶匙 | 橄榄油适量 | 食用油适量

做法 早餐想吃虾也不用担心没时间择洗，速冻虾仁就是个省时省力的选择。

烹饪秘籍

挑选牛油果时，要选择开始变黑、已经成熟的。这样打出来的牛油果酱才够细腻。

制酱

1 将牛油果去核，切小块。

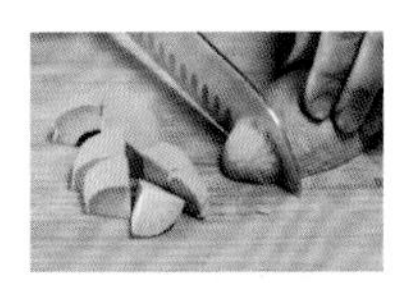

2 将牛油果放入料理机打成牛油果酱。

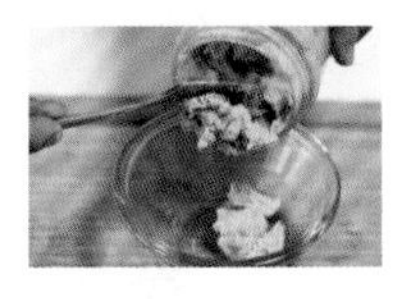

预煮意面

3 锅中烧开水，放入意面，煮至八成熟。

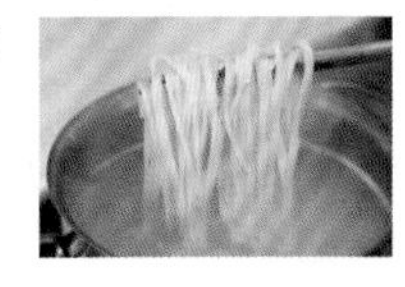

4 煮好后捞起，放入橄榄油，搅拌均匀。

混合炒制

5 大蒜去皮，切片。

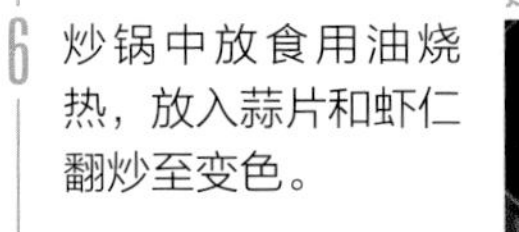

使用速冻食品

6 炒锅中放食用油烧热，放入蒜片和虾仁翻炒至变色。

7 放入意面和牛油果酱，搅拌均匀。

调味

8 出锅前放入盐和黑胡椒，搅拌均匀即可。

每一口都有滋味

黑椒牛肉意面

时间
25 分钟

难度
低

主料 意面 100 克 | 牛肉 80 克
口蘑 6 朵 | 洋葱 30 克 | 大蒜 1 瓣
辅料 黑胡椒酱 1 汤匙 | 橄榄油适量
食用油适量

烹饪秘籍

如果家中有黄油，可以替代橄榄油，这样炒出来的意面口感更加丝滑。

做法 现成的黑胡椒酱放进去，味道不亚于专业厨师出品，耗时的酱料熬制环节也省去了。

准备

1 牛肉洗净、切条。

2 口蘑洗净，去蒂切片；洋葱切条；大蒜去皮切片。

预煮意面

3 锅中烧开水，放入意面，煮至八成熟。

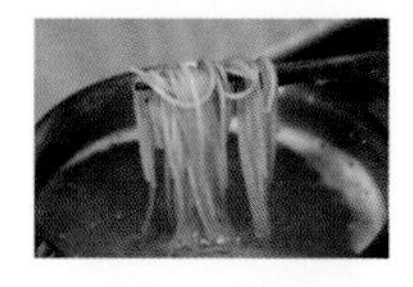

4 煮好后捞起，放入橄榄油，搅拌均匀。

混合炒制

5 锅中烧热放食用油，放入蒜片、洋葱爆香。

6 洋葱炒至透明后加入牛肉条煸炒。

7 再放入口蘑片炒熟。

使用方便调料

8 放入黑胡椒酱和意面翻炒均匀即可。

小巧玲珑

鲜虾小馄饨

粤菜精致，把馄饨皮做得很薄，传统的猪肉馅儿里加上鲜虾，味道更鲜美，口感更弹滑，再配上精致的汤底，金黄的蛋皮，光用眼睛看都是一种享受。

主料 猪肉末 200 克 | 虾仁 100 克
馄饨皮适量

辅料 大葱 3 克 | 姜 2 克 | 料酒 2 茶匙
白胡椒粉 1/2 茶匙 | 盐 1 茶匙
白糖 1/2 茶匙 | 虾皮适量 | 紫菜适量
鸡蛋 2 颗 | 香葱 1 根 | 食用油少许
香油少许

烹饪秘籍

包小馄饨的馅儿要比包饺子、包子的肉馅剁得更细，粗一些的肉泥状最佳。虾仁切成颗粒就好，太碎了吃不出虾肉的口感。葱、姜也尽量剁碎，在肉馅里面咬到姜实在影响心情。

做法

制馅包制

1

猪肉末二次加工，剁成肉泥。虾仁洗净、沥干后切成小颗粒。大葱和姜先剁碎。

2

猪肉末中加入虾仁粒、葱姜末、料酒、白胡椒粉、白糖和盐，顺一个方向搅打到肉馅发黏。

3

将肉馅放在馄饨皮上，按照自己的喜好包成小馄饨。留出一次吃的量，剩下的分散开冷冻。

碗底调味

4

香葱去根，洗净后切成小粒。紫菜撕碎。鸡蛋磕开，加入2汤匙水，加少许盐和白胡椒粉，充分打散。

5

小火加热平底锅，锅中放少许油，抹匀。倒入蛋液，转动锅摊成蛋皮。取出，切成条。

6

在饭碗里放适量虾皮、紫菜、盐、白胡椒粉和少许香油，成为汤底料。

煮制

7

烧一锅清水，水沸腾后下小馄饨。再次沸腾后用汤勺盛半碗汤到饭碗里，将汤底料冲开。

8

馄饨煮熟后捞入汤碗，摆上蛋皮，撒少许香葱粒即可。

营养贴士

猪肉和虾仁均富含蛋白质，虾皮可以补钙，紫菜能够补碘。做成馄饨，连汤带水，既补充营养，又易于消化。

口口好滋味

蛋丝小馄饨

时间 20分钟

难度 中

小馄饨是街边早餐店常见的食物。其皮薄馅嫩，里面的馅能透过皮而看到。在寒冷的冬季早晨来一碗，全身都变得暖暖的。

主料 速冻小馄饨 10只 | 鸡蛋1颗 | 香葱10克

辅料 盐1/2茶匙 | 香油1茶匙 | 生抽1汤匙 | 食用油适量

做法 家中常备速冻食品，早上起来吃到热乎乎的早餐一点也不难。

准备

1. 香葱洗净、去根，切末。

2. 碗中打入鸡蛋，打散搅匀。

制作蛋丝

3. 平底锅放油加热，倒入蛋液，小火摊成蛋饼。

4. 盛出蛋饼切成细丝。

煮制调味

使用速冻食品

5. 锅中烧开水，下入速冻馄饨，煮至馄饨全部浮起即可。

6. 碗中放入香葱末、生抽、盐，倒入煮好的馄饨汤。

7. 最后放入馄饨和蛋丝，淋上香油即可。

烹饪秘籍

馄饨汤中也可适量放入紫菜、虾皮，会使汤汁更鲜美。

主料 速冻肉包 4~8 个 | 香葱 2 根
辅料 水淀粉 5 克 | 食用油适量

自己做包子起码要几个小时，直接买速冻包子能让你轻松吃到水煎包哦！

做法

印象中的经典
水煎包

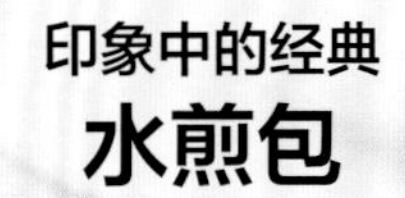

准备煎制

1 香葱洗净、去根，切丁。

使用速冻食品

2 平底锅放油，将速冻包子码放进去，以中小火慢煎。

浇芡

3 另取一个小碗，5克淀粉加入50克清水搅拌均匀。

4 待包子底部变硬挺后，加入水淀粉，立即盖好锅盖。

煎烧出锅

5 直至水分收干，底部焦黄，就可以出锅了。

6 撒上香葱丁即可。

水煎包，中国传统风味小吃，口感脆而不硬，香而不腻，味道鲜美。将普通食材巧妙变化，即使在忙碌的清晨，也能吃上一份鲜嫩可口的水煎包。

烹饪秘籍

加入水淀粉后，一定要盖好锅盖，等水分基本收干时再揭开，这样才能使水煎包的底部金黄酥脆。

颜值与美味的合体

鲜虾锅贴

主料 饺子皮 10 张 | 猪肉末 150 克
虾仁 10 只 | 香葱末 20 克

辅料 蚝油 1 汤匙 | 料酒 1 汤匙 | 十三香 1 茶匙
香油 1 茶匙 | 食用油适量

锅贴是中国著名的传统小吃，锅贴底面呈深黄色，面皮软韧，馅味香美。这款鲜虾锅贴保留了传统锅贴鲜美酥脆的同时，颜值也非常高！

做法

晚间准备

1 虾仁放进碗中，加入料酒，腌制10分钟。

2 另取一个大碗，放入猪肉末、香葱末、蚝油、十三香、香油拌匀。

3 取一张饺子皮，先放上猪肉馅，再放一只虾仁。

4 从中间对折，捏紧即可。

5 包好的锅贴，放入冰箱冷冻备用。

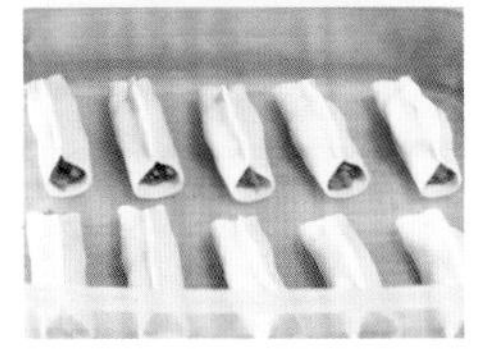

煎制

6 平底锅倒油加热，把锅贴码放进去，以中小火煎。

7 待锅贴底部变坚硬之后，倒入50克冷水，盖好锅盖。

8 煎到水分完全收干即可出锅。

营养贴士

锅贴既含有可转化为能量的碳水化合物，又含有馅料所提供的蛋白质、矿物质等，作为早餐食用，既方便又营养。

烹饪秘籍

选择虾仁的时候，要选大小适中的，不要太大，否则会包不下。

胃口大开

孜然炒馒头丁

时间
15 分钟

难度
低

主料 馒头 1个 | 鸡蛋1颗 | 香葱10克

辅料 盐1/2茶匙 | 孜然1茶匙 | 食用油适量

家中冰箱里的馒头经常吃不完？再次加热又没有刚蒸出锅的好吃。那就快来试试这种做法吧！搭配孜然粒，即使是最简单的馒头，也能吃出烧烤味！

做法 别忘了，吃不了的主食也是让早餐变出花样的上好食材。

准备

使用现成食材

1 馒头切小块。

2 香葱洗净、去根，切末。

3 在碗中打入鸡蛋，打散搅拌均匀。

4 将馒头丁放入蛋液中，充分裹匀。

煎炒

5 锅中放油烧热，放入馒头丁，小火翻炒

6 炒至蛋液完全凝固。

调味

7 放入孜然、盐和香葱末。

8 翻炒均匀即可出锅。

营养贴士

馒头是以面粉经发酵制成，主要营养素是碳水化合物，是人们补充能量的基础食物。作为早餐食材，能满足人体一上午的能量需求。

烹饪秘籍

炒馒头丁的时候一定要小火，这样炒出来的馒头丁才会呈金黄色，大火则容易烧焦。

儿时的味道

黄金馒头片

时间
15分钟

难度
低

主料 馒头2个｜鸡蛋1颗

辅料 水2汤匙｜盐2茶匙
食用油适量

烹饪秘籍

切好的馒头片不要在蛋液中泡太久，馒头片吸收太多水分容易糟碎，煎出的馒头片内部很湿软。如果喜欢吃酥脆口感的馒头片，将蛋液替换成清水即可，同样是快速蘸一下后下锅。

做法

准备

1 将馒头切成约1厘米厚的片。馒头不要选新蒸的，冷藏过的馒头比较硬，更易切得整齐。

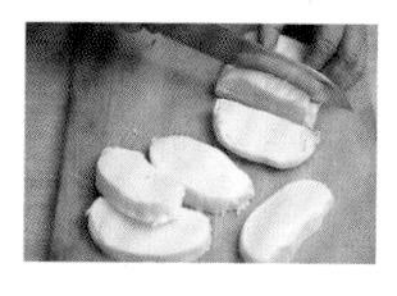

2 鸡蛋磕入大碗中打散，加盐、加水搅打均匀。

3 中火加热平底锅，锅中放适量油，转动锅，使油均匀分布。

裹蛋液

4 取一片馒头片，快速在蛋液中蘸一下，使两面都裹上蛋液。

煎制

5 裹上蛋液的馒头片直接放入平底锅中，蘸一片放一片，直到将锅底铺满。

6 待馒头片一面煎成金黄色后将其翻过来煎另一面，整锅馒头片按照放入的顺序依次翻面。

吸油

7 煎好的馒头片取出，放在厨房用纸上吸去多余油分即可。

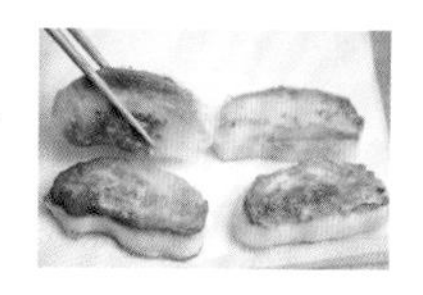

3 Chapter 三明治和沙拉类

经典美味
凯撒沙拉酱

材料 经典美乃滋 6 汤匙
巴萨米克醋 2 汤匙 | 柠檬半个
第戎芥末酱 2 汤匙 | 大蒜 4 瓣

做法

1. 将大蒜洗净去皮，压成蒜蓉。

2. 半个柠檬榨汁备用。

3. 将经典美乃滋和第戎芥末酱混合拌匀。

4. 加入蒜蓉、巴萨米克醋和柠檬汁，混合搅拌均匀即可。

低脂清爽
油醋沙拉汁

材料 葡萄酒醋 40 克 | 橄榄油 120 克
盐少许 | 胡椒少许

做法

1. 将所有材料放入密封的玻璃罐中，用力摇晃使其混合均匀，充分乳化。

2. 可冷藏保存1周。由于没有使用乳化剂，这款沙拉汁非常容易分层，请在食用前充分混合均匀。

简单又有格调
鸡蛋酱三明治

时间 20分钟　难度 低

主料 切片吐司2片｜鸡蛋2颗
辅料 沙拉酱1汤匙｜黄油10克

做法

☑ 使用煮蛋器，火候好控制，还可以利用煮蛋时间刷牙洗脸哦！

制作鸡蛋酱

☑ 使用煮蛋器

1. 鸡蛋放入煮蛋器中煮成全熟蛋。

2. 鸡蛋过凉水去壳。

3. 将鸡蛋放入保鲜袋中，捣碎。

4. 在捣碎的鸡蛋中放入沙拉酱搅拌均匀。

煎制面包

5. 吐司去边，在一面抹上黄油。

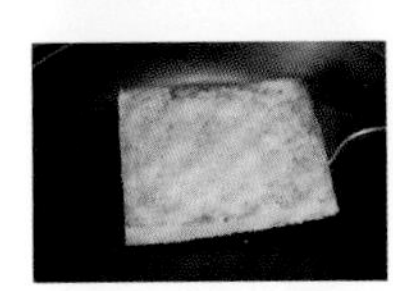

6. 平底锅烧热，涂抹黄油的一面朝下，小火煎30秒。

组合

7. 将鸡蛋沙拉酱均匀涂抹在烤好的面包上，盖上另一片。

8. 将吐司对半切开即可。

哪怕你是厨房新手，都可以轻松搞定。用极简的做法，激发出食物本真的味道，这就是烹饪的魅力。

烹饪秘籍

将煮好的鸡蛋放入杯子中，添加冷水，摇几下取出，可以很容易地去壳。

来自星星的味道

炸鸡三明治

时间 15 分钟　难度 中

主料 切片吐司 2 片｜球形生菜 2 片
速冻鸡排 1 条

辅料 黄油 10 克｜沙拉酱 2 茶匙
食用油适量

做法 鸡排对于早餐来说一点也不麻烦，市售的速冻鸡排就是不错的选择。

准备

1 球形生菜洗净，切细丝。

使用速冻食品

2 锅烧热放油，放入速冻鸡排炸至两面金黄。

3 吐司放入烤面包机里，烤脆。

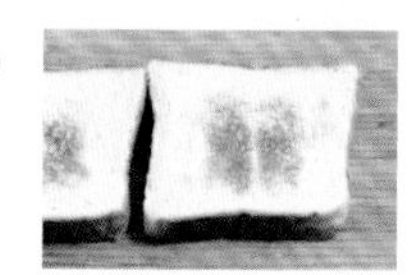

组合

4 烤好的切片吐司在一面抹上黄油。

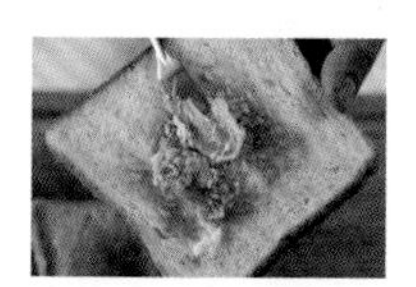

5 吐司放上生菜丝和炸鸡排，挤一层沙拉酱。

6 盖上另一层吐司，对半切开即可。

早餐吃炸鸡的幸福感你体验过吗？现炸的鸡排香而不腻，配上健康的蔬菜和吐司，营养均衡，是早餐的极佳选择！

烹饪秘籍

若想要鸡排的外皮更加酥脆，可复炸一遍，趁热吃口感最好。

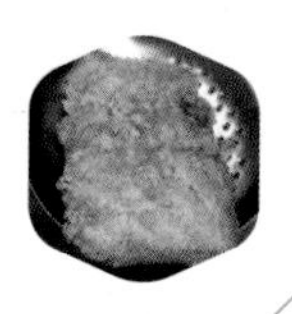

减脂塑形首选

全麦金枪鱼三明治

主料 全麦吐司 2 片 | 球形生菜 2 张
金枪鱼罐头 60 克 | 番茄 20 克

辅料 沙拉酱 1 汤匙

做法 金枪鱼罐头不仅使用方便，而且多数都已调味，省时省力。

准备

1. 生菜洗净。番茄洗净，去蒂切片。

使用半成品

2. 金枪鱼罐头加入沙拉酱，搅拌均匀。

组合

3. 吐司上依次放上金枪鱼沙拉、生菜和番茄。

4. 盖上另一片吐司。对半切开即可。

烹饪秘籍

金枪鱼罐头可以选择水浸的和油浸的两种，在放沙拉酱之前，把罐头中的水分或油分倒干即可。

快手又吸睛

培根牛油果三明治

主料 切片吐司 2 片 | 球形生菜 2 张
番茄 20 克 | 培根 2 片 | 牛油果半个

辅料 黄油 10 克

做法 利用多士炉烹饪时间，可以同时切备其他食材，节省时间。

准备煎制

1. 生菜洗净。番茄洗净，去蒂切片。牛油果切片。培根下锅，煎至金黄熟脆。

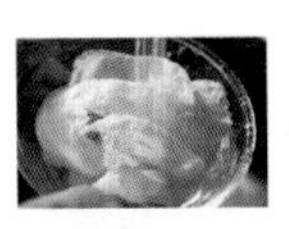

组合

2. 吐司放入烤面包机里，烤脆，并在一面抹上黄油。

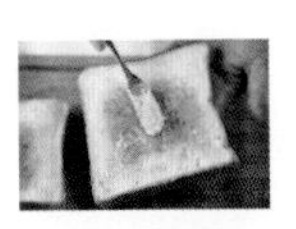

3. 取一片吐司，依次放入生菜、培根、牛油果和番茄。盖上另一片吐司，对半切开即可。

烹饪秘籍

如果喜欢味道浓郁些，可在牛油果上挤一层沙拉酱。

创意满分

鸡蛋奶酪吐司

时间 20 分钟

作为万能早餐食材，吐司一直占据着无法撼动的地位。基本上没有吐司搭配不了的食物，丰富的食材也能带来丰富的口感。

主料 切片吐司 1 片 | 鸡蛋 1 颗
红黄彩椒 30 克 | 洋葱 30 克
马苏里拉奶酪碎 30 克

辅料 黄油 10 克 | 黑胡椒粉 1/4 茶匙

营养贴士

奶酪中的蛋白质经发酵后极易被人体消化吸收，非常适合作为早餐食材使用。但同样也要注意，软质奶酪在购买之后应该尽快食用。由于奶酪不断地在持续熟成，因此储存时，最好置于密封的容器中冷藏。

做法 烤箱不仅可以让你解放双手，更可以充分利用宝贵时间。

准备

1 红黄彩椒洗净、去蒂，切丝。

2 洋葱去皮、切丝。

加热炒制

3 烤箱180℃预热5分钟。

4 锅加热，放入黄油，放入红黄彩椒丝和洋葱丝煸炒，放入黑胡椒粉，炒匀。

组合

5 在吐司上四周放上炒好的彩椒丝和洋葱丝。

6 在中间打1颗鸡蛋。

7 撒上马苏里拉奶酪碎。

烤制

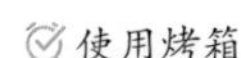

8 将吐司放入烤箱，180℃烤8分钟即可。

烹饪秘籍

打入鸡蛋时，蛋液可能会往外流，所以彩椒丝和洋葱丝要放在四周，中心要给鸡蛋留出空位。

水果开会
奶油水果三明治

时间 20分钟 | 难度 低

主料 切片吐司6片 | 猕猴桃1个
稀奶油100克 | 火龙果1个
黄桃2块

辅料 细砂糖1汤匙

做法

准备

1 火龙果去皮切片。猕猴桃去皮，切厚片。黄桃切成粗条。

2 稀奶油中加入细砂糖，用电动打蛋器打发。关掉打蛋器，打蛋器在奶油上划过，能留下清晰纹路即可。

组合

3 吐司片上涂上一层奶油，从边缘开始，交替码上三种水果块，将吐司片铺满。

4 盖上另一片涂了奶油的吐司片，用手掌轻轻将两片面包压实。

冷藏去边

5 将组装好的水果三明治用保鲜膜包好，放入冰箱中冷藏30分钟以上。

6 冷藏后的三明治取出，去掉保鲜膜，用快刀切掉边缘，对半切开成两块即可装盘。

烹饪秘籍

要尽量选择像木瓜、香蕉、火龙果这类柔软的水果做奶油水果三明治。面包上涂的奶油层不可以太薄，压实的时候要让奶油渗入到水果缝隙中，切出来的截面才会充实好看。另外，冷藏可以让打发的奶油硬度增加，切的过程中才不会挤出来。

华丽变身

山药吐司卷

时间 30分钟 | 难度 中

主料 山药250克 | 切片吐司适量 | 鸡蛋2颗
辅料 炼乳3汤匙 | 牛奶适量 | 白芝麻适量 | 食用油适量

吃山药好处多多，但是早餐吃，无外乎切碎了熬粥，味道清淡缺少变化。将山药变成原料的一部分，多加些味道进去，平淡朴素的山药就能变成精致的小甜点。

做法

制山药泥

1 山药去皮，切成大段，放入蒸锅蒸熟。

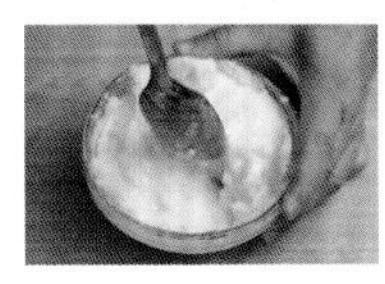

2 蒸好的山药取出，压成泥，加入炼乳、牛奶，搅拌均匀。

卷制

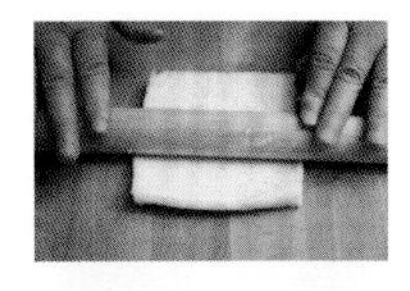

3 吐司片切去四边，用擀面杖将吐司片压扁，压薄。

4 在吐司片上涂上一层山药泥，将吐司片卷起来，捏实。不要太用力，不散开就好。

炸制

5 鸡蛋打散成蛋液。

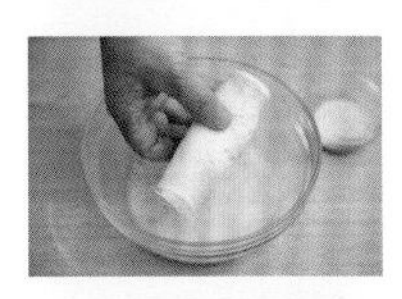

6 卷好的山药吐司卷在蛋液里滚一下，两端在白芝麻里蘸一下。

7 锅中放适量油，中火加热。蘸好蛋液和白芝麻的吐司卷放入锅中煎炸到通体金黄即可出锅。

烹饪秘籍

牛奶加入山药泥，主要作用是调节山药泥的湿润度，如果加过炼乳已经足够湿润，也可以省略牛奶。生山药的黏液对皮肤有刺激性，去皮的时候最好戴手套。

简单的港式美味

火腿西多士

这是小时候看的港产电视剧里茶餐厅的当家菜。其实自己做很简单，心情好的时候，自己动动手，满足的不只是胃，还有那颗怀旧的心。

主料　切片吐司4片 | 鸡蛋2颗
　　　奶酪片2片 | 火腿片2片
辅料　牛奶2汤匙 | 食用油2汤匙

营养贴士

金黄的西多士拥有充足营养。谷物中的碳水化合物和膳食纤维、奶酪、鸡蛋和火腿片中的蛋白质、脂肪及矿物质，在小小的厨房组合成完美搭档，助你开启活力满满的一天。

做法

组合

1 吐司切去4边黄色的部分。为了成品美观，切掉的部分尽量保持等宽。

2 取一片去掉边的吐司，放一片火腿，再放上一片奶酪。

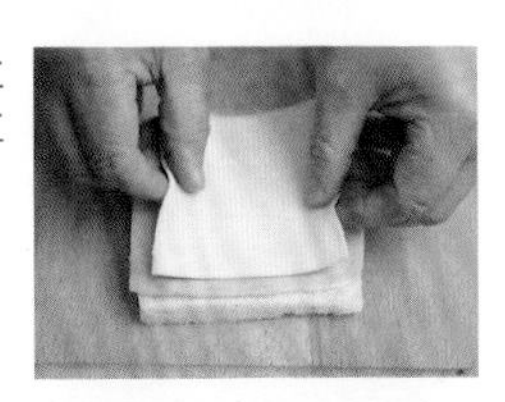

3 盖上另一片吐司。用同样的方法将另一份吐司夹组装好。

煎炸

4 将鸡蛋磕入一个深盘中，加入牛奶，充分打散。

5 平底锅中放入两汤匙油，开小火加热。

6 将组装好的吐司夹平放入蛋液中轻轻蘸一下，一面蘸好后翻面同样蘸匀。

7 蘸好蛋液的吐司放入锅中，煎至一面金黄。

出锅切开

8 借助勺子和筷子将吐司夹翻面，煎至两面金黄后出锅，沿对角线切开即可。

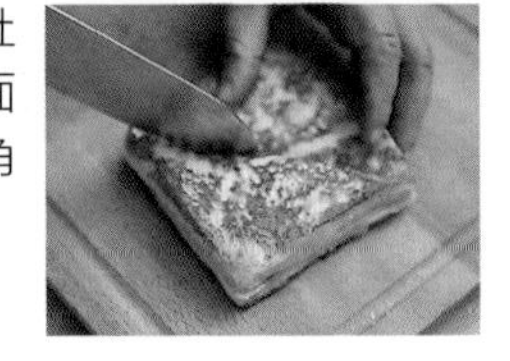

烹饪秘籍

刚下锅的吐司夹容易散开，因此要等一面金黄上色，同时内部的奶酪受热融化起到黏合作用后再翻面。借助铁勺翻面，会使操作更容易。

彩虹般绚丽

吐司培根比萨

时间 20 分钟　　难度 低

这是一款快手美味的懒人早餐，操作简单，省去了需要揉面发面的比萨底。

主料　切片吐司 1 片 | 培根 2 片
青红椒 50 克 | 玉米粒 30 克
马苏里拉奶酪 80 克

辅料　番茄酱 1 汤匙 | 食用油适量

做法　用微波炉就能快速做出比萨，比外卖还要快得多……

准备

1 青红椒洗净、去蒂，切小丁。

2 培根切小丁。

炒制

3 平底锅放油加热，放入青红椒丁、玉米粒和培根丁炒熟。

组合

4 取一片吐司，均匀抹上番茄酱。

5 放上炒好的培根蔬菜丁。

6 在最上面铺上马苏里拉奶酪。

烤制

7 放入微波炉，中高火转2分钟即可。

烹饪秘籍

也可用烤箱代替微波炉，提前180℃预热5分钟，再将吐司放入，180℃烘烤10分钟即可。

千层的思念
法风烧饼

时间 15分钟

难度 低

主料 印度飞饼1张 | 鸡蛋1颗 | 培根1片

辅料 生菜适量 | 白芝麻适量 | 沙拉酱2茶匙 盐少许 | 黑胡椒少许

做法

烤制

1 烤箱预热180℃。印度飞饼对半切开成两块，放在烤盘上。

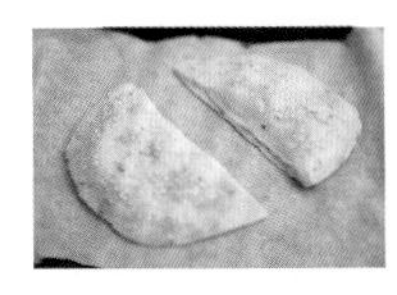

2 鸡蛋磕入碗中，蘸少许蛋液涂在飞饼表面，撒上白芝麻。

3 放入预热好的烤箱，烘烤10分钟，烤到飞饼变厚，鼓起来。

煎制

4 中火加热平底锅，锅热后放入对半切开成两段的培根煎至微焦后盛出。

5 鸡蛋倒入平底锅，将蛋黄戳破，撒少许盐、黑胡椒，两面煎熟后盛出。

组合

6 将生菜、培根和煎蛋摞起来放在一片飞饼上。

7 挤上少许沙拉酱，盖上另一片飞饼即可。

烹饪秘籍

煎培根会出油，如果使用不粘锅，煎过培根后不用再额外放油，直接煎蛋就可以。如果是普通平底锅，还是要添加少许油，以免粘锅。烤飞饼的时候温度一定不能低，否则飞饼不上色，白白的很难看。

花样比萨

卷饼比萨

一直都爱吃比萨，可在忙碌的早晨实在无法完成烦琐的揉面过程。不妨来试试这款比萨，利用超简单的食材，复制比萨的风味！

主料 麦西恩卷饼 1 张 | 青椒 50 克
红黄椒 50 克 | 鸡胸肉 100 克
马苏里拉奶酪 50 克

辅料 番茄酱 1 汤匙 | 食用油适量

营养贴士

青椒含有丰富的维生素C，鸡胸肉含有大量蛋白质。两者作为早餐食材一起食用，能为一上午的工作和学习提供满满的能量。

做法 利用现成的饼，只需卷好后用微波炉一加热，大功告成。

准备

1 青椒、红黄椒洗净去蒂，切成小丁。

2 鸡胸肉洗净去筋膜，切成小丁。

炒制

3 炒锅烧热放油，将青、红黄椒丁放入炒熟盛出。

4 锅中再放入鸡胸肉丁炒熟。

组合

使用半成品

5 将卷饼放入盘子中，均匀涂抹上番茄酱。

6 放上炒好的鸡胸肉和青、红黄椒丁。

7 均匀撒上一层马苏里拉奶酪。

烤制

8 放入微波炉，中火加热1分钟即可。

烹饪秘籍

如果时间充裕，也可用烤箱替代微波炉，180℃烤10分钟即可。

“多肉”宝宝

蛋包奶酪堡

时间
20分钟

难度
中

同样1颗鸡蛋，用不同的方法烹调，口感完全不同。摊成蛋皮，利用蛋的温度，去软化奶酪，味道相互融合，口感达到前所未有的厚实，你一定会爱上这种黏腻的幸福感。

主料 汉堡坯1个 | 奶酪片1片 | 午餐肉2片 | 鸡蛋2颗

辅料 青椒适量 | 沙拉酱2茶匙 | 牛奶2汤匙 | 食用油适量

营养贴士

奶酪富含蛋白质、钙、磷等多种营养元素。汉堡坯可提供充足的碳水化合物，青椒可补充维生素，使这道早餐营养全面而均衡。

做法

煎制

1 鸡蛋打散，加入牛奶，搅拌均匀。青椒去子，切成圈。切青椒要将表皮切断，以免不好咬。

2 中火加热平底锅，手掌放到锅上，感觉到很热的时候涂上薄薄一层油。

3 倒入蛋液，转动锅，使蛋液流满锅底，成为均匀的蛋饼。

制作蛋包

4 蛋饼彻底凝固后关火，将锅移开火源。奶酪片放在蛋皮正中央。

5 折叠蛋皮，将奶酪片整个包起来，取出。

炙烤组合

6 重新点火，保持小火，不放油将汉堡坯加热一下，烤到温热后取出。

7 放少许油，煎午餐肉，表面略金黄即可。

8 将全部材料按照汉堡坯、奶酪蛋包、午餐肉、青椒圈，淋适量沙拉酱，另一片汉堡坯的顺序组装起来。

烹饪秘籍

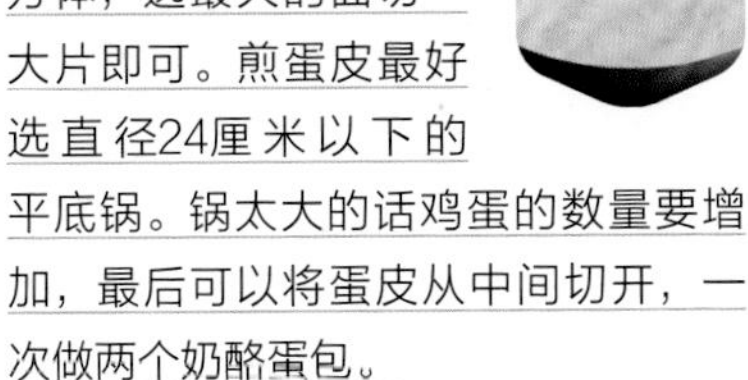

午餐肉大多是盒装的长方体，选最大的面切一大片即可。煎蛋皮最好选直径24厘米以下的平底锅。锅太大的话鸡蛋的数量要增加，最后可以将蛋皮从中间切开，一次做两个奶酪蛋包。

自制快餐
鸡排堡

鸡排，炸好之后金黄酥脆，“咔哧咔哧”嚼起来很是过瘾。早餐时候用速冻鸡排，省时省力，并且富含蛋白质，炸好后夹在面包里，美味营养全满分。

主料　汉堡坯 2 个 | 速冻鸡排 2 块

辅料　生菜 2 片 | 沙拉酱 2 汤匙

番茄酱 2 汤匙 | 食用油 1 汤匙

营养贴士

鸡肉除了鸡皮之外大部分都是瘦肉，不用担心吃了以后发胖的问题。番茄酱含有番茄红素，这是一种抗氧化成分，能清除人体内的自由基，防癌抗衰老。

做法

准备

1 生菜冲洗干净，沥干水分，撕成小片备用。

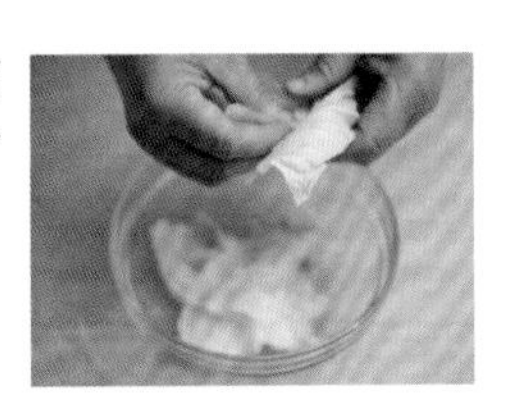

煎制

2 开小火，平底锅放少量油，同时放入2块鸡排煎炸。

3 待鸡排一面煎成浅金黄色，翻面继续煎成同样的金黄色。

4 平底锅中加入2汤匙清水，加盖焖。加水焖煎，可使鸡排受热均匀，彻底熟透。

5 锅中水收干后，打开锅盖，将鸡排煎成一面酥脆后，翻面继续煎至两面酥脆，出锅。

加热组合

6 汉堡坯剖开，放在平底锅上小火加热1分钟。

7 取一片汉堡坯，放一块鸡排，加上沙拉酱。

8 沙拉酱上覆盖生菜片，加番茄酱，用生菜将两种酱料隔开，可以使汉堡的味道更有层次。盖上另一半汉堡坯，即组装完成。重复步骤7和8，做完另一个汉堡。

烹饪秘籍

与炸相比，煎更适于家庭操作，但是不易熟透，加水焖煎可以弥补。水量的多少取决于食材的大小，可以反复多次加水直到食材熟透。锅中有油，加水易飞溅，操作时应小心避免烫伤。

创意小改良

照烧鸡腿米汉堡

时间 35分钟

难度 高

米汉堡起源于日本，将传统汉堡的面包替换成米饭饼，口感类似于饭团，是一种中西结合的食物。两片米饼之间除了夹传统的西式汉堡肉饼，夹上鸡腿肉或者烤肉也很对味。

主料 琵琶腿2个 | 米饭2碗

辅料 白胡椒粉1/2茶匙 | 盐1/2茶匙
料酒1汤匙 | 米酒4汤匙
生抽3汤匙 | 蜂蜜1汤匙
生菜适量 | 黑芝麻适量 | 食用油适量

营养贴士

鸡肉具有补髓填精、温中益气、补虚益智的作用，而且肉质细嫩，易于消化吸收，非常适合老人和儿童食用。少量的胡椒可以暖胃驱寒，可以在寒冷的冬日给予你一种别样的温暖。

做法

腌制

1 琵琶腿去骨，展平成一片。用牙签在鸡皮上扎一些小孔，方便入味。

2 用白胡椒粉、盐和料酒抓揉鸡腿肉，腌半小时。

准备米饭

3 小饭碗里放一张大一些的保鲜膜，碗底撒少许黑芝麻。

4 放半碗米饭，勺子蘸水，用勺背将米饭压实成米饼。一共做好4个米饼。

煎烧

5 中火加热平底锅，放少许油，油热后皮朝下放入腌好的鸡腿。

6 煎至鸡皮出油微焦后，翻面煎到两面金黄。

7 将米酒、生抽、蜂蜜和少量水放入锅中，加盖小火焖煮2分钟，然后大火收干汤汁。

组合

8 在一块米饼上放适量生菜，放一块鸡腿肉，盖上另一块米饼即可。照此做完另一个米汉堡。

烹饪秘籍

做米汉堡的米饭要煮得软黏一些，太硬的米饭不易压实，容易散开。做好的米汉堡可以用保鲜膜裹上，防止黏手，还可使米饼不容易散开。

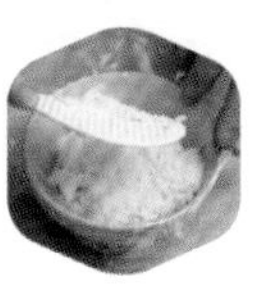

大口吃肉
牛肉汉堡

时间
25 分钟

难度
中

汉堡是西式早餐最常见的食物，但因做法复杂，很多人会选择外食。其实只要掌握好快捷方法，即使再忙碌的早晨也能吃上美味的牛肉汉堡。

主料　汉堡坯 1个｜速冻牛肉饼 1个
　　　生菜2片｜洋葱50克｜番茄50克
　　　酸黄瓜1根｜奶酪片1片
辅料　黄油10克｜沙拉酱1茶匙｜食用油适量

营养贴士

牛肉中的肌氨酸含量比任何食物都高，它对增长肌肉、增强力量非常有效。牛肉中含有的维生素B_{12}，能供给身体进行高强度训练所需的能量，是健身人群最爱的食物。

做法　买来现成的汉堡坯和肉饼，DIY一个汉堡一点也不费事。

准备

1 洋葱洗净，去皮、切圈；番茄洗净去蒂切片；酸黄瓜切片；生菜洗净切片。

煎烤

使用方便食材

2 平底锅放油加热，放入速冻牛肉饼，小火煎熟。

使用方便食材

3 将汉堡坯内心涂抹上黄油。

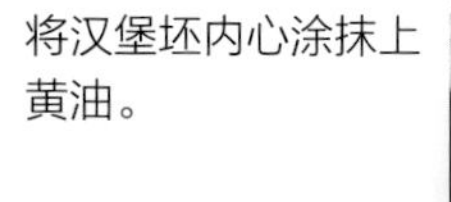

4 放入烤箱180℃，加热2分钟。

组合

5 在汉堡坯上依次放上生菜、洋葱圈、番茄、酸黄瓜。

6 挤上沙拉酱，放上煎好的牛肉饼。

7 趁热放上一片奶酪。

8 盖上另一片汉堡坯即可。

烹饪秘籍

牛肉饼煎制的时间根据饼的厚度来定，厚一点的肉饼所对应的煎制时间也要加长。

辉煌盛宴

凯撒大帝

凯撒大帝好吃主要是因为含有大量的沙拉酱，再加上焦香的培根，爽脆的圆白菜和面包丁，吃上一个真是实实在在。

主料 法棍面包 1/2 根 | 面包边 8 根
圆白菜适量 | 培根 3 条

辅料 酸黄瓜 2 根 | 马苏里拉奶酪碎 60 克
沙拉酱 50 克 | 大蒜 3 瓣
黑胡椒粉 1/2 茶匙

营养贴士

奶酪是浓缩的牛奶精华，营养价值极高，富含蛋白质、钙、磷等多种营养素。面包及圆白菜则补充了碳水化合物和维生素，使这款早餐满足你一上午的营养需要。

做法

准备

1 法棍面包斜刀切成尽量长的厚片，厚度约1厘米。面包边切成小块。

2 圆白菜切去大梗不要，冲洗干净后切成短粗条。酸黄瓜切成小短条。大蒜去皮切末。

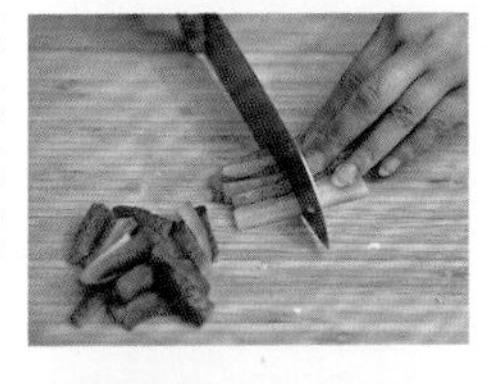

3 培根切成约1厘米宽的短条。入平底锅煎到边缘微焦后捞出，凉凉。

搅拌组合

4 培根、圆白菜、酸黄瓜和面包边放入盆中，加入蒜末和黑胡椒粉，搅拌均匀。

5 加入沙拉酱，充分搅匀。沙拉酱要多放，但又不能太多，整体粘在一起但没有流动性最好。

6 将调好的圆白菜面包馅放在法棍切片上，堆成小山状。

烤制

7 组装好的面包表面撒上一层马苏里拉奶酪碎，排入烤盘。烤箱上下火，160℃预热。

8 烤盘放入烤箱，烘烤约15分钟，烤到奶酪微焦即可。

烹饪秘籍

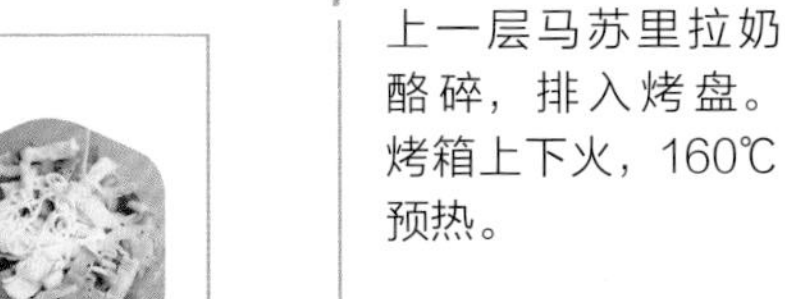

这款早餐比较腻，加入酸黄瓜可以调整口味，所以酸黄瓜不能切得太碎。菜谱里提供的是基础配方，换成自己喜欢的任何材料都可以。法棍最好不要换，因为法棍比较硬，支撑性强，吃的时候不容易断掉。

清爽好滋味

芦笋蛋沙拉

时间 20分钟

难度 低

芦笋鲜嫩可口，搭配营养丰富的鸡蛋、清爽的酱汁，仿佛把一片明媚的春色盛入盘中，让人胃口大开。

主料 芦笋6根 | 鸡蛋1颗 | 圣女果6个 | 红黄椒各15克 | 球形生菜100克

辅料 油醋沙拉汁 2汤匙 | 盐1茶匙

做法 市面上有现成的沙拉汁可以直接买来使用，也可以自制一些保存，随时取用。

准备

1 芦笋洗净，去尾，切成小段。

2 锅中烧水，沸腾后放入芦笋段，加入盐煮2分钟，捞出备用。

3 鸡蛋放入水中煮至全熟。煮熟的鸡蛋去壳，切小块。

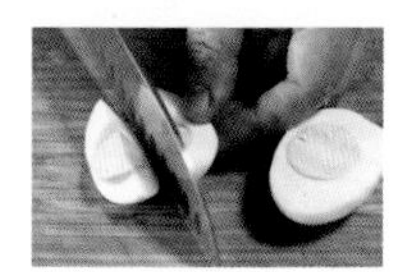

4 圣女果洗净，纵切为4瓣。红黄椒洗净去蒂，切小块。生菜洗净，掰成小块。

搅拌调味

5 将提前准备好的沙拉配菜放入碗中。

使用方便调料

6 倒入油醋沙拉汁即可。

烹饪秘籍

除了油醋汁，也可根据自己的口味选择喜欢的沙拉汁。

迷人的经典

金枪鱼沙拉

时间
15分钟

难度
低

谁说美食和瘦身是一对儿天敌？这款沙拉愉悦的不仅是味蕾，更因其低脂高纤维而有助于塑造好身材！

主料 金枪鱼罐头 100 克 | 鸡蛋 1 颗
玉米粒 30 克 | 球形生菜 80 克
黄瓜半根

辅料 油醋沙拉汁 1 汤匙

省去了自己调味、清洗、加工的时间，罐头食品还很便于储存。

做法

准备

1 鸡蛋放入煮蛋器中，煮至全熟。鸡蛋放凉去壳，切成小块。

2 生菜洗净，掰成小块。

3 黄瓜洗净，切薄片。

4 将准备好的食材铺在盘底。

混合调味

使用方便食材

5 撒上玉米粒和金枪鱼罐头。

6 将油醋沙拉汁浇在上面即可。

烹饪秘籍

金枪鱼罐头可以选择水浸的或者橄榄油浸的，如果选择橄榄油浸的，那么沙拉汁中橄榄油的比例可以适量减少。

瞬间扫光

土豆泥沙拉

时间
10分钟

难度
低

土豆泥沙拉，一份既可以做主食又可以做配菜的料理，已经征服了无数人的胃！材料家常，做法简单，味道却很不一般！

主料 土豆1个 | 胡萝卜半根 | 黄瓜半根 | 培根2片

辅料 沙拉酱2汤匙

做法

晚间准备

1 土豆洗净、去皮，切成小块。

2 蒸锅中烧开水，将土豆放入蒸熟。

3 胡萝卜、黄瓜洗净去皮，切成小丁。

4 将准备好的食材，放进保鲜盒，放入冰箱冷藏备用。

加热

5 将提前蒸好的土豆放入微波炉中火加热30秒。

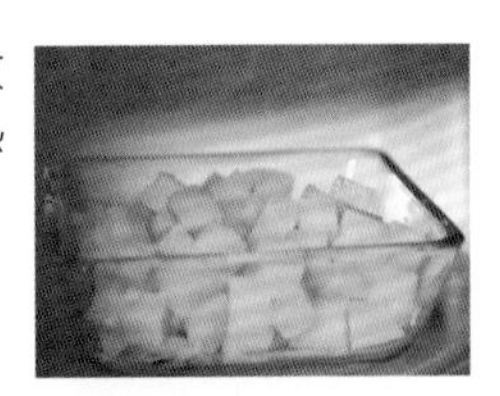

6 蒸好的土豆捣碎。

煎制

7 平底锅加热，放入培根煎熟。

混合调味

8 将煎好的培根切成小丁。

9 将胡萝卜、黄瓜和培根丁放入土豆泥中。

10 再放入沙拉酱，搅拌均匀即可。

营养贴士

土豆的营养成分非常全面，营养结构也较合理，是非常好的高钾低钠食物，很适合水肿型肥胖者食用。

烹饪秘籍

除了用锅蒸土豆，也可以选择用微波炉：土豆切块，盖上保鲜膜，高火转10分钟即可。

健身族最爱

健身鸡胸肉沙拉

时间 15 分钟

难度 低

早晨起来若是没什么胃口，不妨来试试这款低卡健康的鸡胸肉沙拉吧！色泽诱人，让人食欲大振。

烹饪秘籍

煎鸡胸肉的诀窍：盖上锅盖煎，看到鸡胸肉的边缘发白了就可以翻面，以免鸡胸肉太柴，影响口感。

主料 鸡胸肉 1 块 | 鸡蛋 1 颗
球形生菜 100 克 | 圣女果 3 个
胡萝卜 50 克

辅料 凯撒沙拉酱 1 汤匙 | 橄榄油适量

做法 切备 + 组合 + 沙拉酱 = 美味健康的沙拉。

准备

1 鸡胸肉洗净、去筋膜，用刀背将肉敲打几下。

2 生菜洗净，掰成小块。

3 圣女果洗净，切半。胡萝卜洗净，去皮切片。

4 鸡蛋用煮蛋器煮至全熟。去壳，切成小块。

煎制切备

5 平底锅倒入橄榄油烧热，放入鸡胸肉，小火煎至两面金黄。

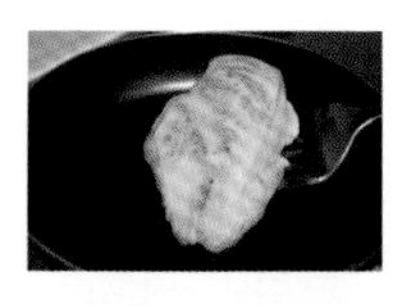

6 将煎熟的鸡胸肉切条。

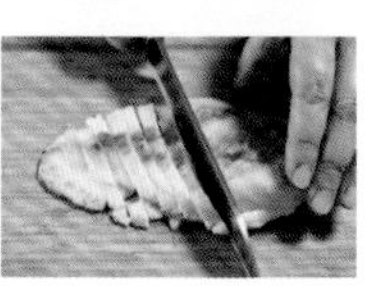

组合调味

7 将提前准备好的沙拉食材放入碗中。

使用方便调料

8 将鸡胸肉铺在上面，浇上沙拉酱即可。

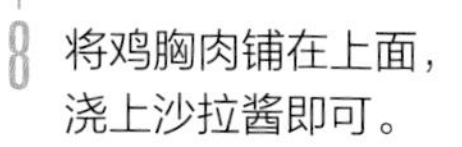

丝滑小清新

水波蛋沙拉

时间 20分钟

难度 中

主料 鸡蛋1颗｜苦菊100克｜培根2片
红黄椒50克

辅料 凯撒沙拉酱 1汤匙

沙拉是早餐的营养之选，选对沙拉酱不仅美味，还很省时。

做法

煎制准备

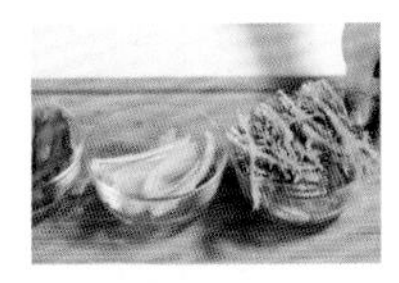

1 苦菊、红黄椒洗净，切成小段。

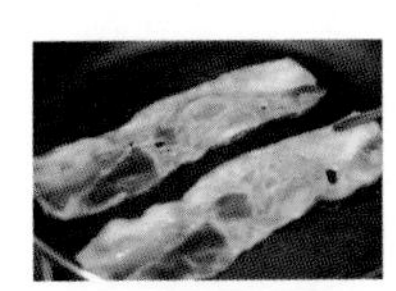

2 平底锅中火加热，放入培根煎熟。

3 煎好的培根切成小块。

制作水波蛋

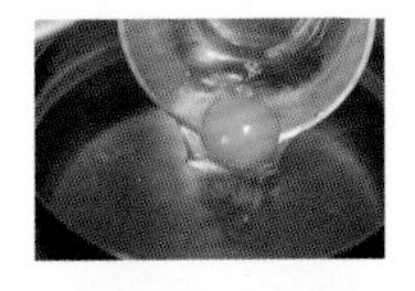

4 奶锅中倒水，中小火加热，待锅底冒小气泡，打入1颗鸡蛋。

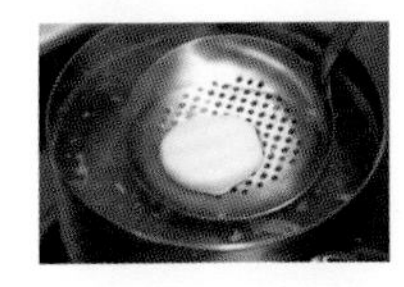

5 然后直接关火，盖上锅盖，闷5分钟，直到蛋白煮熟。

混合调味

使用方便调料

6 将苦菊铺在盘底，依次摆上红黄椒、培根，倒上凯撒沙拉酱。

7 取最后放上煮好的鸡蛋即可。

烹饪秘籍

想要做出1颗形状均匀的水波蛋，煮熟捞出来后，过一遍凉水，把多余的蛋白洗掉即可。

健康减肥餐

日式金枪鱼意面沙拉

时间 20分钟

难度 低

主料 螺旋意面 100 克 | 黄瓜 1 根
金枪鱼罐头 1 罐 | 胡萝卜 1/2 根
熟玉米粒 150 克

辅料 沙拉酱 5 汤匙 | 白砂糖 1/2 茶匙
黑胡椒粉适量 | 盐适量 | 食用油适量

习惯了用意面做主食吗？其实它还可以做沙拉。加上各种蔬菜，淋上自己喜欢的酱汁，拌一拌就好。甚至可以不加酱汁，增加蔬菜的比例，就变成一顿健康减肥早餐喽。

做法

准备

1 胡萝卜切成小粒，加少许油炒到略软，放凉。注意别炒煳了，略变色即可。

2 黄瓜洗净，去头去尾，切成小于1毫米厚的圆薄片。

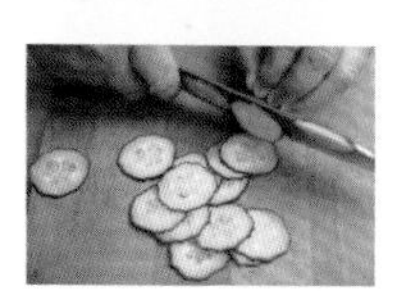

3 黄瓜放入盆中，放少许盐，搅拌均匀，腌15分钟以上，杀出水分后充分沥干。

4 玉米粒和金枪鱼从罐中捞出来，放在滤网上，沥干待用。

混合调味

5 意面放到沸水中煮熟，捞出沥干、凉凉。

6 所有材料放入盆中，将大块的金枪鱼压碎，搅拌均匀即可。

烹饪秘籍

日式沙拉中的黄瓜通常都切成非常薄的圆片，对刀工是个考验，可以借助能擦出薄片的擦丝器。黄瓜一定要杀出水分，并且所有材料都要放凉，否则拌好的沙拉会出很多汤。如果有奶酪粉，加1汤匙到沙拉中会更美味。

小吃类

众口不再难调

香葱厚蛋烧

时间
15分钟

难度
高

厚蛋烧是一款非常经典的日本传统料理，鸡蛋是基底，牛奶则为这道料理增加了口感上的柔软。

主料 鸡蛋 3 颗 | 香葱 3 根

辅料 白糖 1 茶匙 | 盐 1/2 茶匙
牛奶 10 克 | 食用油适量

营养贴士

厚蛋烧由鸡蛋、牛奶组成，很有营养价值。鸡蛋能够润燥，牛奶富含蛋白质，香葱健脾开胃，这三者的结合给你带来营养均衡的早餐。

做法 看似很难，只要选对锅，也不会太难为你的。

搅拌准备

1 香葱洗净，切末。

2 鸡蛋打散至碗中，加入盐和白糖，搅拌均匀。

3 倒入牛奶，继续搅拌均匀。

4 用滤网将蛋液过滤至光滑无泡。

5 在蛋液中加入香葱末搅拌均匀。

煎制

6 厚蛋烧锅加热放油，晃动使油均匀铺在锅中。

7 倒入一层薄薄蛋液，全程小火。

8 待表面快凝固时，从底部往上卷起到头。再推回底部。

9 重复上述动作，直至蛋液用完。

定形切开

10 出锅后用寿司帘卷起，固定一下。

11 固定完毕，切开即可。

烹饪秘籍

在煎的过程中要全程小火，以免煳底。牛奶的量不能过多，否则厚蛋烧会不好成形。

健康好搭配

蔬菜鸡蛋杯

时间
20 分钟

难度
高

小小的鸡蛋杯，一口咬下去，鸡蛋的浓郁，蔬菜的清香，不同口味巧妙融合在一起，是最适合早餐食用的创意小料理了。

主料 洋葱 50 克 | 青椒 30 克 | 口蘑 3 个 | 菠菜 50 克 | 鸡蛋 3 颗 | 牛奶 20 克

辅料 盐 1/2 茶匙 | 现磨黑胡椒碎 1/2 茶匙 | 食用油适量

营养贴士

口蘑是一种很好的减肥美容食材，其富含膳食纤维，具有促进排毒、降低胆固醇的作用，又属于低热量食物，很适合减肥人群食用。

做法 忙碌的早晨也能吃上健康的蔬菜？全靠烤箱来帮忙！

准备

1 青椒洗净、去蒂，切成小丁；洋葱洗净，去皮切丁；口蘑洗净，切片。

2 锅中放油，放入青椒丁、洋葱丁和口蘑片翻炒，加入盐和黑胡椒炒熟。

3 菠菜洗净，去除根部。

装杯

4 准备一个玛芬的模具烤盘，放上纸杯。

5 将炒好的馅料均匀放入。

6 再将菠菜掰碎放入。

7 鸡蛋打散入碗中，倒入牛奶，搅拌均匀。

8 将牛奶蛋液均匀倒入纸杯中。

烤制

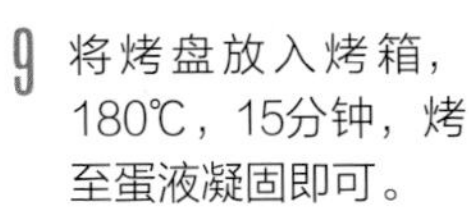

9 将烤盘放入烤箱，180℃，15分钟，烤至蛋液凝固即可。

使用烤箱

烹饪秘籍

喜欢奶酪的，可以在蛋液表层撒上一层马苏里拉奶酪。具体操作时，烤箱的温度和时间，也可以根据自家烤箱情况进行调节。

奶香小甜点
奶酪鸡蛋卷

时间 20分钟

难度 高

主料 鸡蛋 3 颗 | 胡萝卜 1/2 根 | 火腿肠 1 根 | 奶酪片 2 片
辅料 牛奶 3 汤匙 | 盐 1/2 茶匙 | 食用油适量

做法

准备

1 胡萝卜洗净去皮，切成细丝。加油将胡萝卜丝炒软待用。

2 火腿肠切成细条。奶酪片切条待用。

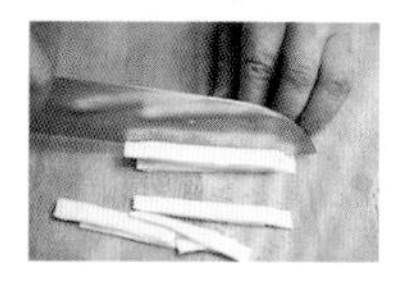

3 鸡蛋磕入碗中，加入盐、牛奶打散。牛奶的加入可以使蛋液更顺滑，煎出的鸡蛋卷更滑嫩。

煎制卷起

4 小火加热平底锅，放入少许油抹匀，锅热后倒入蛋液。

5 晃动锅使蛋液沾满锅底，蛋液略凝固后放入胡萝卜丝、火腿条和奶酪条。

6 从平底锅的一端开始折叠蛋饼，折叠的宽度大约6厘米，逐渐将蛋饼卷成一条。

切开

7 卷好的蛋饼出锅，切成大段即可。

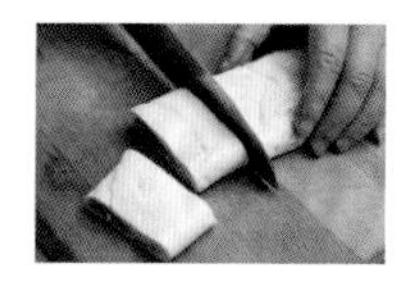

烹饪秘籍

煎蛋卷的时候，不要等蛋液完全凝固再开始卷，那样卷出的蛋卷内部会分层，不美观。蛋液基本定形，可以翻动的时候即可开始翻卷，如果担心内部不熟，完全卷好后用小火多加热一两分钟即可。

秘制土豆

黑椒土豆泥

时间
20分钟

难度
中

主料 土豆300克 | 奶酪片1片

辅料 蚝油1汤匙 | 黄油5克
黑胡椒粉1/2茶匙 | 淀粉1茶匙
水50克 | 牛奶适量

烹饪秘籍

奶酪片可以增加土豆泥的风味，是否添加依照个人喜好。奶酪片切粒的时候容易粘连在一起，切好之后加点面粉，轻轻搓开，再拌入土豆泥的时候就容易分散开了。

做法

制土豆泥

1 土豆去皮，冲洗干净后切成厚片，上锅蒸熟。奶酪片切成小粒。

2 蒸熟的土豆片放入保鲜袋，用擀面杖压成土豆泥。

3 土豆泥中加入适量牛奶，搅拌均匀到土豆泥湿润，但是仍可成形。

4 加入奶酪粒，搅拌到奶酪粒均匀分布到土豆泥中。

造型

5 取一个小碗，用水冲湿。将土豆泥放入，略压实，再扣出来到另一个容器中，成为球状。

调味

6 将蚝油、黑胡椒粉、黄油、淀粉和水加入到小锅中，加热到沸腾、变浓稠后关火。

7 趁热将煮好的黑椒汁倒在土豆泥上即可。

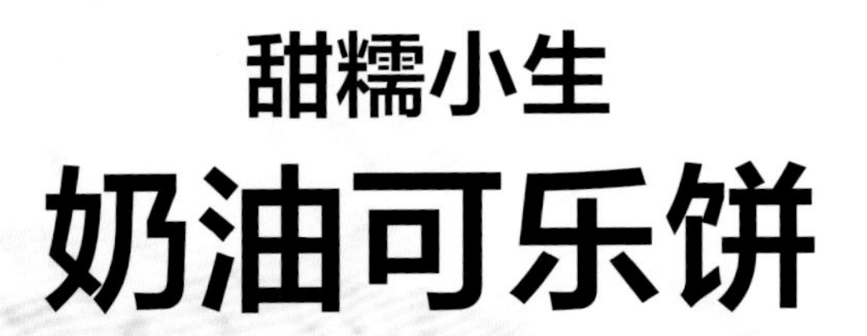

甜糯小生
奶油可乐饼

时间
50 分钟

难度
高

可乐饼是日语**コロッケ**的音译，其实就是土豆泥做的饼。炸好之后外皮酥脆内心柔软，热乎乎香喷喷，淋上番茄酱、烤肉酱或是沙拉酱，搭配清口的新鲜细圆白菜丝，开动吧。

主料 牛肉末 150 克 | 土豆 500 克
洋葱 1/2 个 | 圆白菜 1/4 个

辅料 面包糠适量 | 鸡蛋 2 颗 | 面粉适量
生抽 2 汤匙 | 白糖 2 汤匙
淡奶油 50 克 | 盐 1 茶匙 | 食用油适量

营养贴士

牛肉富含蛋白质，其氨基酸组成比猪肉更接近人体需要，能提高机体抗病能力。土豆富含膳食纤维、碳水化合物、多种微量元素等，同时是高钾低钠食物，适合水肿型肥胖者食用。

做法

准备

1 土豆去皮，切厚片，蒸熟后取出，晾到不烫手。洋葱去老皮，切成小粒。

炒制肉末

2 中火加热平底锅，锅中放少许油，放入牛肉末，翻炒到肉末发白。

3 放入盐、生抽和白糖，再放入洋葱，煸炒到肉末微焦，水分收干，锅里只剩下油脂后盛出。

制坯调味

4 土豆碾压成泥，加入炒好的洋葱牛肉末，放入淡奶油，搅拌均匀。

5 挖一团拌好的土豆泥，用手掌压成厚圆饼状。鸡蛋打散成蛋液。面粉、面包糠分别放在两个盘子里。

煎制摆盘

6 圆白菜去掉大梗，切成很细的丝，用手抓散乱后摆在盘子的一侧。中火加热炒锅，锅中多放油。

7 土豆饼在面粉、蛋液、面包糠里按顺序裹一次。

8 裹好的土豆饼放入油锅中，炸到两面金黄后捞出，放在装圆白菜丝的盘子里即可。

烹饪秘籍

油锅烧热到把一根干燥筷子插进油中，能看到筷子表面冒小泡泡时就表示油温达到要求，可以开始炸食物了。这里的圆白菜是作为配菜，像沙拉一样生吃，所以尽量选择菜心的部分，口感比较好。

甜蜜的幻想

吐司布丁

时间
25 分钟

难度
高

主料 切片吐司 3 片 | 鸡蛋 1 颗 | 牛奶 100 克
辅料 白糖 1 汤匙 | 葡萄干 1 汤匙
巴旦木仁 10 粒

表层焦脆，内心软滑，还有酥脆的坚果提供丰富的口感。这样的点心作为早餐，一定能满足你的味蕾。

做法

准备

1 吐司切成小块，巴旦木仁切成小粒待用。

2 烤箱预热160℃，鸡蛋磕入碗中打散。

3 蛋液中加白糖和牛奶，充分搅拌均匀至白糖溶解，成蛋奶液。

入烤碗

4 取一耐热烤碗，在碗底铺上一层吐司块。

5 撒上一半的葡萄干和巴旦木仁，倒入三分之一蛋奶液。

6 放入剩余吐司块，撒上余下的葡萄干和巴旦木仁。

7 将剩余的蛋奶液倒入，轻压吐司块，使其充分吸收蛋奶液。

烤制

8 将烤碗放入预热好的烤箱，烘烤约20分钟，表层的吐司块略成金黄色即可。

烹饪秘籍

加入巴旦木仁，在增加营养的同时使布丁的口感更丰富，替换成碧根果、开心果、核桃等任意坚果仁都可以。每台烤箱的温度不尽相同，烘烤温度应根据自家烤箱的实际情况调整，烘烤过程中注意观察，以免烤焦。

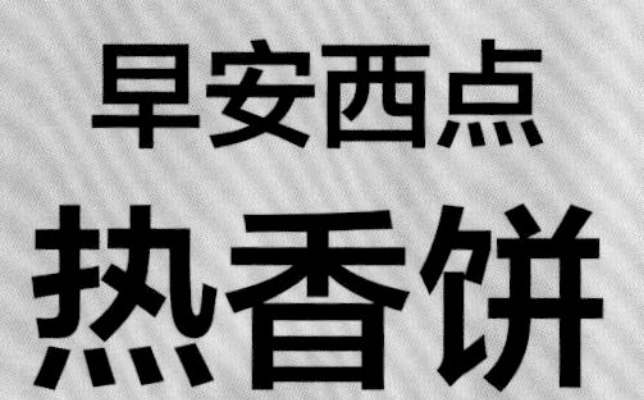

热香饼、松饼、铜锣烧的外皮，说的都是它。这东西在西餐厅卖得挺贵，其实操作起来非常简单，通常都做成甜的，至于搭配什么水果和酱料，看你喜欢喽。

主料 面粉 120 克｜鸡蛋 1 颗｜白砂糖 2 汤匙
牛奶 80 克｜黄油 45 克

辅料 盐 1/2 茶匙｜泡打粉 1 茶匙｜蜂蜜适量

营养贴士

早餐选择一些热腾腾的西点，可以降低牛奶在胃里面的消化速度，更好地吸收牛奶里面的蛋白质。蜂蜜中的糖分进入人体后能迅速转化为能量，让你一整天都精神饱满。

做法

准备

1 将鸡蛋磕入大碗中，用打蛋器将鸡蛋打散到蛋液略起泡。将30克黄油融化待用。

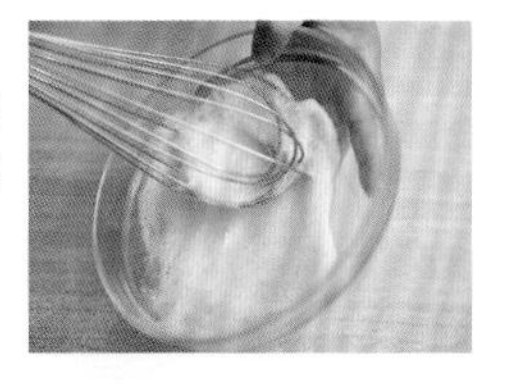

2 加入白砂糖搅拌到充分溶解，缓缓加入牛奶和融化的黄油，边加入边搅拌，充分搅匀。

3 加入面粉、盐、泡打粉，搅拌成均匀的面糊。

煎制

4 中火加热不粘平底锅，锅热后放入一饭勺面糊，晃动锅，借助铲子使面糊摊成圆形。

5 转小火，盖上锅盖，焖两三分钟。

6 打开锅盖，这时饼体会膨胀。继续煎约30秒。

7 饼体表面产生气泡时用铲子翻面。继续煎1分钟即可出锅，装盘。

调味

8 趁热在饼表面放剩下的一小块黄油，淋少许蜂蜜即可。

烹饪秘籍

用不粘平底锅煎是最简单的方式，如果没有的话，在普通的平底锅上擦涂薄薄的一层黄油，其余操作方法相同。注意油一定不能多，否则煎出的饼不美观，而且比较油腻。

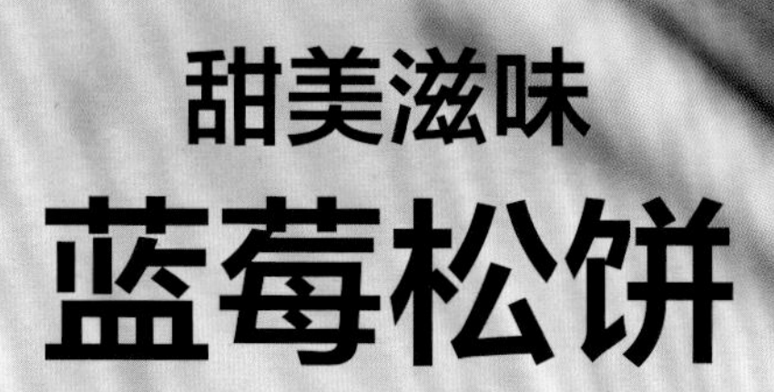

甜美滋味
蓝莓松饼

时间 15 分钟

难度 高

松饼是非常适合早餐的一道料理！软软的松饼，透着牛奶的香醇和蓝莓的酸甜，无论是视觉还是味觉都是双重享受！

主料 低筋面粉 80 克 | 泡打粉 5 克
鸡蛋 1 颗 | 牛奶 70 克 | 蓝莓 100 克

辅料 黄油 15 克 | 食用油适量

营养贴士

蓝莓果肉细腻，风味独特，被称为“水果皇后”。其中富含的多酚类物质可分解脂肪，有助于控制体重。

做法

晚间准备

1 微波炉中火转30秒，融化黄油。

2 取一个大碗，磕入鸡蛋，放入牛奶、黄油和蓝莓，搅拌均匀。

3 将低筋面粉和泡打粉混合过筛。

4 过筛好的面粉放入刚刚搅拌好的牛奶蛋液中，用硅胶刮刀搅拌均匀。

5 搅拌好的面糊放入冰箱冷藏备用。

6 平底锅加热放油，用硅胶刷涂抹均匀。

7 取一勺蓝莓面糊，从高处将面糊自然倒入锅中，形成漂亮的圆形。

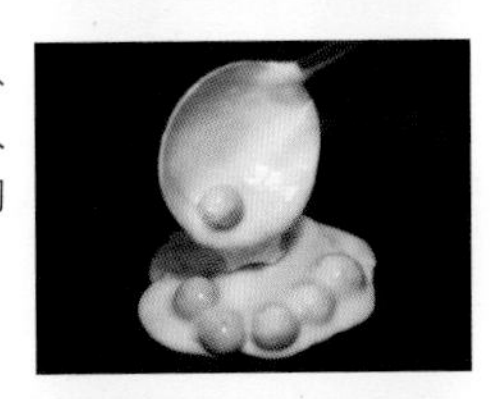

8 煎40~50秒，至看到表面有小气泡。

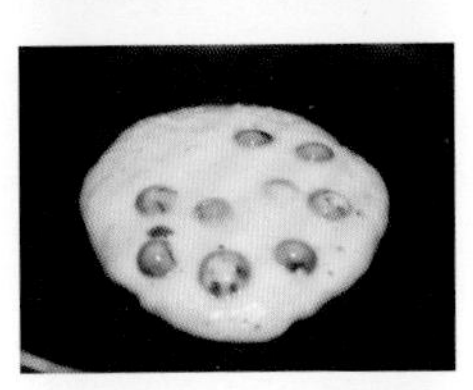

9 用锅铲进行翻面，再煎20秒左右即可。

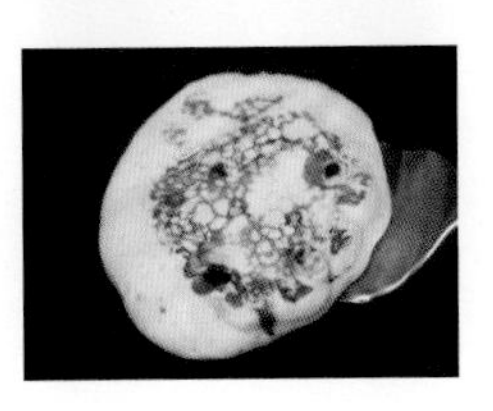

烹饪秘籍

煎饼锅中均匀地刷一层油，是保证煎出漂亮的虎皮纹的关键。煎好的松饼可以适当撒上糖粉或者淋上蜂蜜，再取几颗蓝莓点缀，口感会更好。

软嫩甜蜜

紫薯香蕉卷

时间
20分钟

难度
高

不太喜欢紫薯味道吗？加上炼乳试试看，卷上香蕉，从里到外都那么软嫩甜蜜。

主料 紫薯100克｜切片吐司2片
香蕉1根

辅料 炼乳2茶匙｜牛奶1汤匙

做法

蒸制

1 紫薯洗净去皮，切成小块，放入碗中。

2 蒸锅上汽，放入装紫薯的碗，大火蒸15~20分钟后取出。

去边制馅

3 将吐司片切掉四边。香蕉去皮，对半剖开成两条。

4 将紫薯用勺子压成泥，加入牛奶和炼乳，搅拌均匀。

组合造型

5 将吐司取出，用擀面杖压扁，增加吐司的韧性。

6 取一片吐司，均匀涂上一半的紫薯泥。另外一片照做。

7 紫薯泥上放半条香蕉，将紫薯片卷起压实，用刀将紫薯卷斜切开即可。

烹饪秘籍

蒸紫薯的时候会出汤，将其放入碗中，可保持营养不流失，蒸锅也更易清理。如果吐司片比较干，可以在蒸紫薯后将吐司片放入锅中，利用蒸锅中残余的水汽使吐司片变软变湿润，卷的时候不易断裂。

甜蜜小伪装

奥利奥盆栽

时间 10分钟

难度 低

主料 奥利奥饼干 5块
浓稠酸奶 250克

辅料 薄荷叶 1片

奥利奥的花样吃法，还不来试试？

做法

擀碎饼干

使用现成食材

1 奥利奥饼干去除白心。

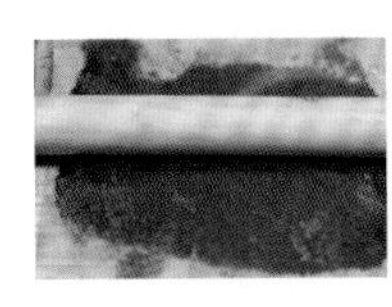

2 将奥利奥放入保鲜袋中，用擀面杖擀碎，成粉末状。

装填造型

使用现成食材

3 取一个玻璃杯，倒入1/2酸奶。

4 用勺子将1/2的奥利奥碎放入杯中。

5 再倒入另一半酸奶。

6 接着撒上另一半奥利奥碎。

7 最后放上1片薄荷叶装饰即可。

烹饪秘籍

酸奶要选择质地浓稠的，这样才能保证奥利奥碎不会陷入酸奶中，使其能形成明显的分层。

奥利奥口味的食品很受人们喜爱。这款奥利奥小盆栽的创意料理，绝对会给你带来味蕾上的享受。

夏日必备甜品

木瓜椰奶冻

时间
5分钟

难度
低

甜甜的木瓜配上香浓的椰奶，无论是色泽还是味道都相当诱人，最适合炎热的夏季食用，清凉爽口，滋味无穷！

主料 木瓜 1 个 | 牛奶 200 克 | 椰汁 10 克
吉利丁片 2 片

辅料 白糖 1/2 茶匙

营养贴士

木瓜富含胡萝卜素和维生素C，有很强的抗氧化能力，能帮助机体修复组织，增强人体免疫力，非常适合女性食用。

做法

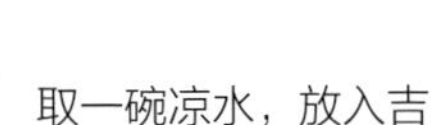

1 取一碗凉水，放入吉利丁片泡软。

2 牛奶放入锅中，加入椰汁和白糖。

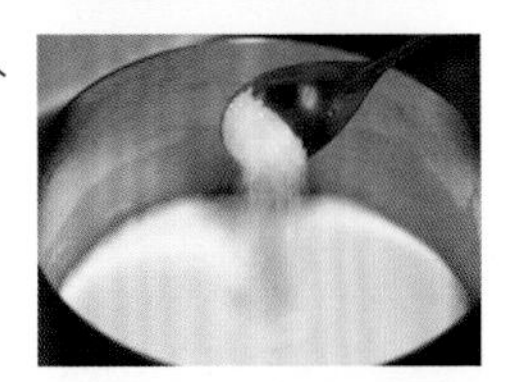

3 全程小火，熬至白糖溶化。

4 将泡好的吉利丁片放入热牛奶中，搅匀凉凉。

5 木瓜从1/4处切开，舀出里面的子。

6 将木瓜的内壁适当刮一刮，使其表面光滑。

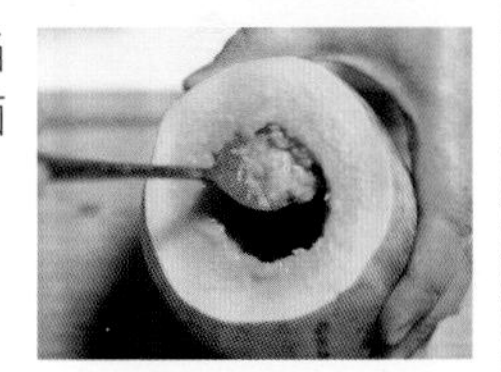

7 倒入牛奶液，放入一个大容器中，保持木瓜不倒。

8 用保鲜膜将木瓜口包住，放入冰箱冷藏一晚。

9 取出木瓜，撕开保鲜膜，对半切开，再切小块即可。

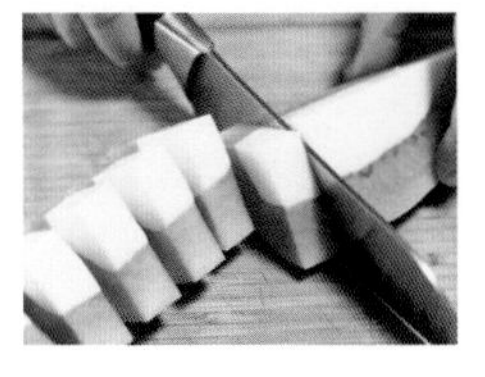

烹饪秘籍

牛奶也可替换成椰浆或者椰奶，白糖也可根据自己的口味来决定量的多少。

养颜佳品

木瓜炖银耳

时间 20分钟

难度 中

主料 木瓜250克 | 银耳半朵

辅料 冰糖100克

烹饪秘籍

吃不完的可以冷藏，当作甜品吃，口味更加清甜。

做法

晚间准备

1 银耳放入水中，浸泡一晚。

2 木瓜去皮、去瓤，切成小块，放入冰箱冷藏备用。

煲煮

3 浸泡好的银耳撕成极小的朵。

4 锅中放清水煮沸，放入银耳。

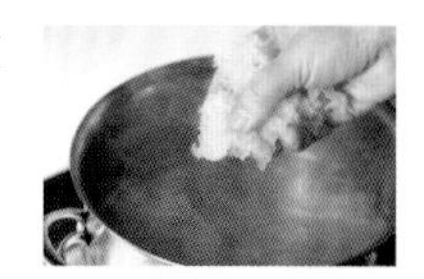

5 中火煲15分钟。

6 放入木瓜继续煲5分钟。

调味

7 最后放入冰糖，搅拌至冰糖完全溶化即可。

冬日里的温暖

姜撞奶

时间 15 分钟

难度 中

主料 生姜 20 克 | 牛奶 200 克

辅料 细砂糖 30 克

做法 榨汁机榨出的姜汁，口感更加细腻柔滑哦！

制作姜汁

1 生姜洗净、去皮，切成小块。

使用榨汁机

2 将切好的姜块放入榨汁机中，榨成生姜汁。

3 将生姜汁倒入碗底。

加热牛奶

4 奶锅中倒入牛奶，加入细砂糖，中小火加热。

5 一边搅拌一边加热至细砂糖完全溶化，当牛奶四周起小气泡时关火。

装碗

6 关火后等待半分钟。

7 将牛奶从20厘米左右的高处冲入姜汁碗中，不要搅动，盖上盖静置两三分钟即可。

烹饪秘籍

姜汁与牛奶的比例为1：10，姜汁太多会影响口感，太少会凝固得不好。成功的姜撞奶是把勺子放在上面也不会下沉的，口感弹牙，香醇柔滑。

清凉一夏

龟苓膏

时间 10分钟

难度 中

主料 龟苓膏粉 20 克 | 冰红茶 60 克

辅料 牛奶 200 克 | 蜂蜜 1 茶匙

做法

晚间准备

1 奶锅加热，将龟苓膏粉放入锅中。

2 加入冰红茶，一边加一边搅拌至糊状。

3 加 入400克 烧 开 的水，边冲边搅。

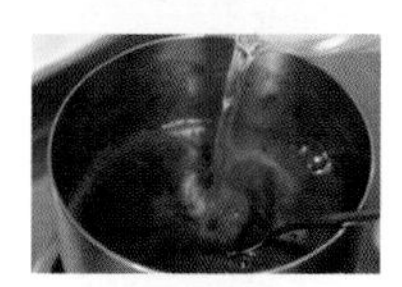

4 转小火再次煮沸后，倒入容器中。

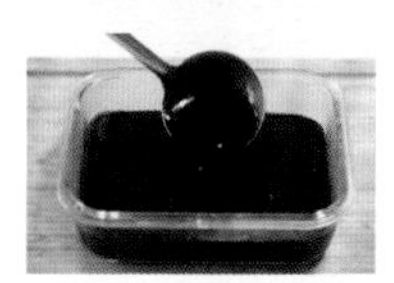

5 放凉，放入冰箱冷藏一夜。

装盘调味

6 将冷藏过的龟苓膏分成小块翻入碗中。

7 淋上蜂蜜。

8 最后倒入牛奶即可。

记得小时候，每当夏季来临，家人就经常会买龟苓膏给我们吃，说是可以解暑。那时我们都管它叫凉粉，并不知道它的真实名字原来是龟苓膏。

烹饪秘籍

放冰红茶的目的是去除龟苓粉的苦味，也可用酸梅汤替代。

补血养颜
年糕红豆沙

时间 20分钟
难度 低

主料 豆沙馅 150克 | 小年糕 50克
辅料 白砂糖 1茶匙

做法 泡豆？煮豆？熬豆？有了现成豆沙馅，这些统统都不用！

煮制混合

使用半成品

1 奶锅加水烧开，将豆沙馅放入煮开。

2 小年糕条切成小块。

3 在煮豆沙的锅中放入切好的年糕块，煮至年糕软糯。

调味

4 放入白砂糖，煮至全部溶化即可。

烹饪秘籍

年糕可以从超市买，片状的和条状的都可以，买回来切成小块即可。

颗颗都饱含营养
谷物酸奶杯

时间 20分钟
难度 低

主料 即食谷物燕麦片 100克
浓稠酸奶 200克 | 草莓 5个
芒果 50克
辅料 蜂蜜 1茶匙
做法

准备

1 草莓洗净、去蒂，切成小块。芒果去皮，切成小块。

装填造型

使用半成品

2 取一个玻璃杯，倒入1/3酸奶。铺上一层即食谷物燕麦片。再依次放上酸奶和燕麦。

3 最上面盖上一层酸奶。撒上草莓粒和芒果粒，淋上蜂蜜即可。

烹饪秘籍

水果可以依据自己的口味适量加减，也可替换成其他水果。选择脆燕麦，口感更丰富。

网红早餐

芒果思慕雪

时间 20分钟

难度 中

思慕雪起源于20世纪70年代的美国，到90年代之后逐渐盛行。其不仅卖相明艳诱人，还美味可口。

主料 酸奶250克 | 芒果1个 | 香蕉1个
蓝莓15粒 | 猕猴桃1个
谷物燕麦100克 | 蔓越莓干50克

辅料 蜂蜜1茶匙 | 冰糖15克

做法 网红早餐？没有这台料理机可完不成！

准备

1 芒果去皮、切块；猕猴桃去皮、切片；蓝莓洗净。

使用料理机

2 将一半芒果、酸奶和冰糖用料理机打成奶昔状。

初步装盘

3 找一个深口盘，倒入芒果奶昔。

组合调味

4 香蕉去皮，切成均匀的薄片。

5 按自己喜好将燕麦及所有水果摆好。

6 淋上适量蜂蜜即可。

烹饪秘籍

芒果奶昔口味酸甜，如想要香甜口味，可选择香蕉为奶昔底。水果和果干可根据喜好随意调整。

饮品类

乌黑秀发羡煞人

核桃黑芝麻糊

芝麻和核桃在精细的制作之下，打造出细腻爽滑的口感，散发着浓郁的坚果芳香。

主料 黑芝麻 50 克 | 核桃 50 克 | 红枣 20 克
辅料 冰糖 20 克

营养贴士

生活的重压让很多人年纪轻轻就“聪明绝顶”，这道核桃黑芝麻糊能护发养发，使头发变得乌黑有光泽，而且因核桃的加入，还具有了补脑健脑、润泽肌肤、延缓衰老的效果。

做法

准备

1 黑芝麻洗净，晾干。

2 核桃去外壳，剥出核桃仁。

3 将黑芝麻和核桃仁放入微波炉中，高火加热2分钟后翻匀，再加热2分钟。

搅打

4 将红枣洗净，切开去核，切小块。

5 将红枣、黑芝麻和核桃仁一起放入破壁机中，加入冰糖和300克开水。

煮制

6 搅打3分钟，倒入煮锅中。

7 大火煮开后转小火，并不断搅拌。

8 煮至呈微微黏稠的糊状，关火盛出即可。

烹饪秘籍

黑芝麻和核桃仁一定要制熟后再食用，味道才浓香，如果家中没有微波炉，可以用铁锅无油小火炒熟即可。

补气补血

红豆小米豆浆

时间 10分钟　难度 低

豆浆是早餐桌上必不可少的一道饮品，各种各样的花式豆浆深受大众喜爱。这款豆浆润燥养颜，最适合在秋季饮用。

主料 红豆50克｜小米30克

辅料 冰糖20克

做法 想喝口热乎乎的豆浆？还得豆浆机来帮忙！

清洗浸泡

1 红豆和小米洗掉浮灰。

2 红豆和小米用清水浸泡，放入冰箱冷藏一个晚上。

搅打调味

3 浸泡好的红豆、小米，倒入豆浆机中。

4 加入清水1000克。

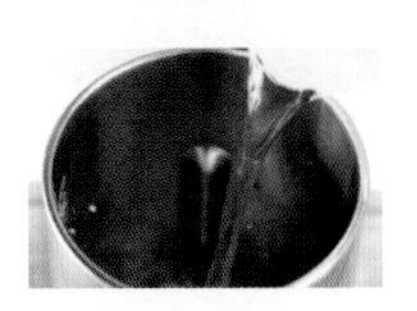

5 按下豆浆机上的按键，选择五谷豆浆功能。

使用豆浆机

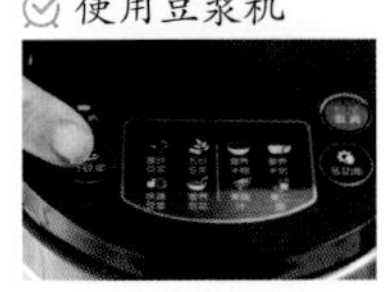

6 完成后，倒出豆浆，加入冰糖，搅拌均匀即可。

烹饪秘籍

如果家中的豆浆机不是免滤的，还要增加过滤这一步，将豆渣过滤出去，得到细腻的豆浆。

醇香浓厚

紫薯燕麦豆浆

时间 10分钟　难度 低

一款适合上班族的健康豆浆。紫薯蒸着来吃口感比较干，搭配燕麦一起放进豆浆里，不仅口感丰富，连颜值也有所提升！

主料　黄豆 50 克 | 紫薯 150 克 | 燕麦 20 克
辅料　冰糖 20 克

使用免滤豆浆机，豆浆与豆渣完美分离，省时又省力。

做法

浸泡切备

1 黄豆洗去浮灰。

2 黄豆用清水浸泡一晚，放入冰箱冷藏备用。

3 紫薯洗净去皮，切小丁，放入保鲜盒，冰箱冷藏。

搅打调味

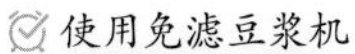

使用免滤豆浆机

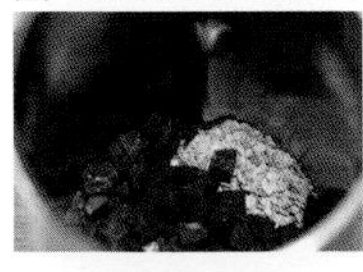

4 将浸泡好的黄豆、紫薯和燕麦倒入豆浆机中。

5 加入清水1000克，选择五谷豆浆功能。

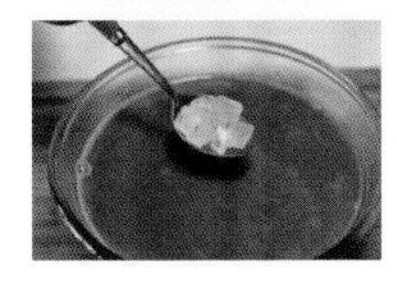

6 完成后，倒出豆浆，加入冰糖，搅拌均匀即可。

烹饪秘籍

这款豆浆所用到的燕麦片，用普通的生燕麦和即食燕麦都可以，可以依据自己的喜好选择。

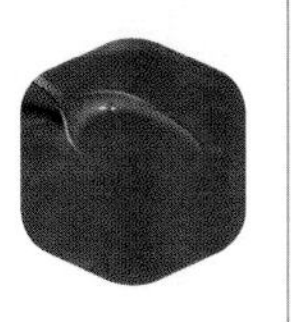

五色杂粮最养生

五谷豆浆

时间 20分钟

难度 低

五谷杂粮营养非凡，但却口感粗糙，让人难以下咽。做成豆浆可以完美解决这一难题，不但集天然营养于一身，味道也是香滑浓郁，分外好喝。

主料 黄豆 20 克 | 大米 20 克 | 红豆 10 克 | 黑豆 10 克 | 高粱米 8 克

辅料 白砂糖 2 茶匙

做法

浸泡

1 将黄豆、红豆和黑豆洗净，一起放入水中浸泡6~10小时。

2 大米和高粱米淘洗干净后，放入水中浸泡2~4小时。

搅打过滤

3 将泡发后的所有食材一起放入豆浆机中，加入白砂糖，将水加注到豆浆机水位下限。

4 启动豆浆机，选择五谷豆浆模式。

5 制好后，滤掉豆渣，倒入碗中即可。

烹饪秘籍

豆类与米的质地不同，建议分开泡发。饮用之前，最好用滤网过滤后再饮用，不然豆渣多了影响口感。

芒果的清爽，让浓郁的咖啡有了别样的味道，顺滑的口感配上牛奶的香甜，再加上特有的巧克力风味，让其更受人喜爱。

体验另一种新鲜
芒果摩卡

时间 20分钟

难度 中

主料 芒果酱 2 汤匙｜速溶摩卡咖啡粉 2 汤匙
全脂牛奶 1/2 盒（约 150 克）
鲜奶油 10 克

辅料 可可粉 1 茶匙

做法

准备

1 取马克杯，放入芒果酱备用。

2 净锅煮水，水烧至98℃左右，关火。

混合搅拌

3 另取一杯，倒入速溶摩卡咖啡粉，用开水冲好后，倒入带有芒果酱的马克杯中。

4 将全脂牛奶放入微波炉中，加热至75℃，倒入马克杯中，搅拌均匀。

奶油顶盖

5 将鲜奶油打发后，挤入杯中，表面撒上可可粉做装饰，即可饮用。

烹饪秘籍

鲜奶油冷藏后才好打发，建议提前将奶油放入冰箱，而且打发时不要过快，以免过头导致口感变差。

走可爱风的果汁

草莓养乐多

时间
10分钟

难度
低

主料 草莓10颗（约80克）
养乐多2瓶（约200克）

辅料 淡盐水适量

做法

准备

1 将草莓用淡盐水浸泡5分钟后，洗净、去蒂，切成小块。

搅打

2 将草莓块放入破壁机中。加入养乐多，搅打2分钟。倒入杯中即可饮用。

烹饪秘籍

养乐多也可以用酸奶代替，加入蜂蜜后口感更好；如果喜欢冰爽口感，可以用半瓶雪碧来代替1瓶养乐多。

清爽好喝更过瘾

猕猴桃青柠茶

时间
15分钟

难度
低

主料 猕猴桃干20克 | 青柠檬1个

辅料 蜂蜜2汤匙 | 白砂糖1茶匙
淡盐水适量

做法

准备

1 猕猴桃干洗净，用温水泡软备用。青柠檬用淡盐水洗净，横着对半切开，切2薄片备用，其余去子，切小块。

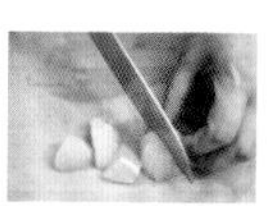

搅打调味

2 将猕猴桃干和青柠檬块放入破壁机中，倒入适量纯净水和蜂蜜。

3 搅打3分钟后，倒入杯中。放入青柠檬片，加入白砂糖，搅匀后即可饮用。

烹饪秘籍

青柠檬的口感比较酸，如果喜欢甜口，可以适当多加些蜂蜜。

做个肤白睡美人
香蕉木瓜汁

时间 5分钟

难度 中

主料 香蕉1根（约100克）| 木瓜150克

辅料 牛奶1盒（200克）

做法

准备

1 将木瓜洗净，去皮，竖着对半切开，去子，切成小块。香蕉剥皮，切成小段。

搅打

2 将木瓜块和香蕉段放入料理机中，加入牛奶。搅打3分钟，装杯即可。

烹饪秘籍

成熟的木瓜肚子鼓鼓的，份量会轻一些，颜色也更偏橙黄。如果摸上去黏黏的，说明有糖胶渗出，选这样的木瓜榨汁，味道更香甜。

留住时光的脚步
蔓越莓汁

时间 15分钟

难度 低

主料 蔓越莓干10克 | 树莓30克 蓝莓125克

辅料 蜂蜜1汤匙 | 盐1茶匙

做法

准备

1 将蔓越莓干洗净，放入温水中浸泡2分钟。

2 取两碗清水加盐，分别放入树莓和蓝莓浸泡。10分钟后，捞出树莓和蓝莓，用流水冲净。

搅打

3 将蔓越莓干、树莓和蓝莓一起放入破壁机中，加入蜂蜜和100克纯净水。搅打2分钟后，装杯即可。

烹饪秘籍

蔓越莓干用温水浸泡变软，味道会更浓郁。树莓和蓝莓也可以用淘米水浸泡，去除表面的农药残留，更干净。

保护视力，刻不容缓

蓝莓胡萝卜汁

时间
5分钟

难度
低

主料　蓝莓125克｜胡萝卜1根

辅料　蜂蜜1茶匙

做法

准备

1 蓝莓洗净，备用。胡萝卜洗净，去皮，切成小块。

搅打

2 将蓝莓和胡萝卜块一起放入榨汁机中，加入蜂蜜和100克纯净水。搅打2分钟后倒入杯中即可。

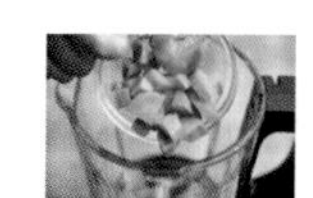

烹饪秘籍

新鲜蓝莓表面有层白霜，清洗时可以先在淡盐水或者淘米水中浸泡10分钟，用手轻轻搅动几下，再用流水冲洗干净即可。

谁说很甜就热量高

菠萝哈密瓜汁

时间
5分钟

难度
低

主料　菠萝200克｜哈密瓜1个（约400克）

做法

准备

1 将菠萝削皮，去掉硬心，切小块。

2 将哈密瓜洗净，对半切开，削皮、去子，切小块。

搅打过滤

3 将菠萝块和哈密瓜块一起放入榨汁机中，榨出汁。滤渣，倒入杯中即可。

烹饪秘籍

① 哈密瓜具有很高的甜度，菠萝本身含糖量也不低，这道果汁无须另加糖或者蜂蜜。

② 夏天饮用，可以在榨汁时加入适量冰水。

香甜浓汁喝起来
奶香玉米汁

时间 25分钟
难度 中

主料 水果玉米 2 根（约 200 克）
纯牛奶 1 盒（约 200 克）

做法

准备

1. 玉米洗净，用刀将玉米粒切下。

2. 净锅，放入玉米粒和200克纯净水。

煮制搅打

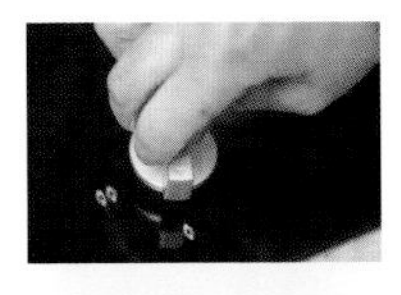

3. 大火煮开，改用小火煮10分钟左右。

4. 用漏勺将玉米粒捞出、放凉。

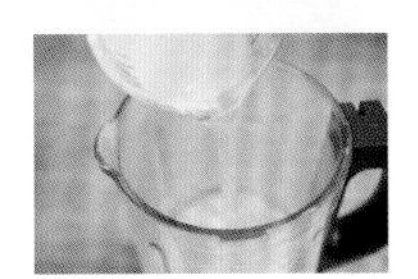

5. 将玉米粒和煮玉米的热汤一起倒入破壁机中，加入纯牛奶，搅打3分钟。

加热装杯

6. 将玉米牛奶汁倒入奶锅中加热至70℃左右。

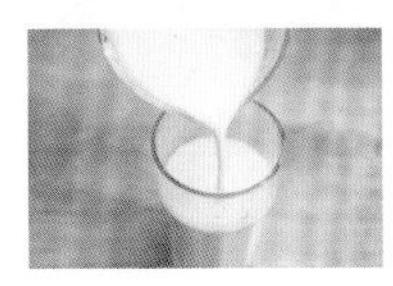

7. 倒入杯中，稍凉即可饮用。

烹饪秘籍

一定要选鲜嫩的水果玉米（甜玉米），其水分多，味道甜；老玉米皮厚渣多，影响口感。

甜糯的玉米，浓郁的奶香，加上顺滑的口感，让这款甜汤备受人们的喜爱，特别是在天气变凉的清晨来一杯，暖身饱腹，更贴心。

品香茶，话往昔

可可奶茶

时间 25分钟

难度 低

可可粉的加入，让这杯奶茶充满了醇厚的巧克力味道，香甜不腻。天气变冷的时候喝一杯，让你由内而外得到满足。

主料 红茶3克｜可可粉3茶匙 纯牛奶1盒（约250克）

辅料 白砂糖1汤匙

做法

煮茶

1 将红茶洗净，备用。

2 净锅，倒入适量纯净水，大火烧开，倒入红茶。

3 转小火煮2分钟后，过滤掉茶叶，把茶水留在锅中。

混合煮制

4 将纯牛奶倒入锅中，煮开，加可可粉，搅拌均匀。

5 关火，加入白砂糖，再次搅匀，即可倒入杯中饮用。

烹饪秘籍

如果家中没有可可粉，可以用巧克力代替。在煮牛奶之前，锅中加少量水，放入巧克力，加热化成糖浆后，再倒入牛奶就可以了。

玉米的清甜搭配奶茶的香浓，这道营养十足的饮品特别适合在早餐时饮用。

营养丝毫不逊色

日式玉米奶茶

时间 25分钟

难度 中

主料 甜玉米2个（约200克）| 红茶3克
纯牛奶1盒（约250克）

辅料 白砂糖1汤匙

做法

准备

1 玉米剥皮、洗净，把玉米横切2段，竖切1刀。

2 用刀把玉米粒削入碗中，冲洗净备用。

煮奶茶

3 净锅煮水，水开后放入红茶，关火闷3分钟后滤出茶叶。

4 把牛奶倒入茶水锅中，小火加热煮开。

搅打

5 将玉米粒和奶茶一起放入破壁机中，加入白砂糖。搅打2分钟后装杯即可。

烹饪秘籍

要选取水分多的甜玉米，也可以先把玉米榨汁，再把玉米汁倒入奶茶中，更原汁原味。

自制流行饮品

花生牛奶

难度
高

花生牛奶非常适合早餐饮用。自己在家制作，能确保不添加任何防腐剂，口感浓郁，是老少皆宜的保健饮品。

主料 花生仁 100 克｜牛奶 250 克

辅料 白砂糖 30 克

营养贴士

花生具有很高的营养价值，内含丰富的脂肪和蛋白质，矿物质含量也很丰富，有促进脑细胞发育，增强记忆的功能，很适合正在长身体的青少年食用。

做法 有了料理机，花生也能成为甜蜜饮品的材料。

准备

1 奶锅中烧开水，放入花生仁煮滚。

2 盛出，用厨房纸巾吸干水分，剥掉红衣。

滤花生汁

使用料理机

3 花生仁放入料理机中，加入适量清水充分搅打均匀。

4 搅打好的花生汁过滤出来。

煮制调味

5 将花生渣再次倒入料理机，加入牛奶。

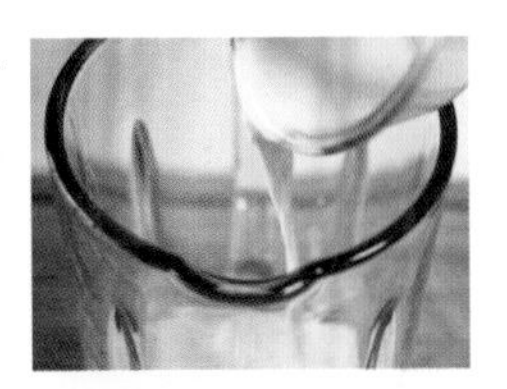

6 再次充分搅打均匀。过滤出花生牛奶汁。

7 将花生牛奶汁和花生汁，倒入锅中加热。

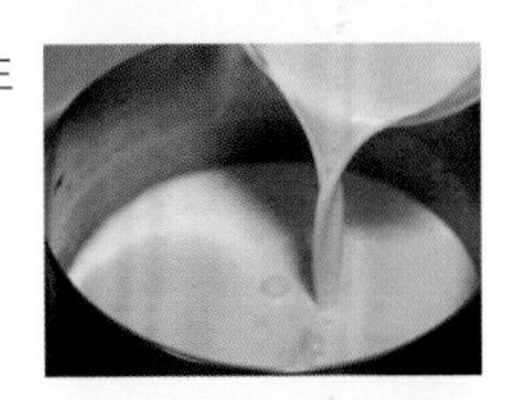

8 花生牛奶煮沸后，加入白砂糖，搅拌均匀即可。

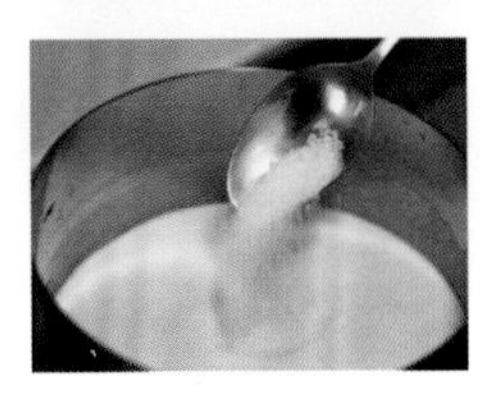

烹饪秘籍

“少量多次”打花生汁会使其得以充分搅拌，口感更加醇厚。

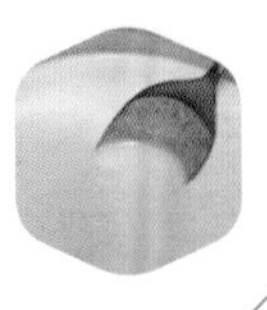

永恒不变的经典

传统珍珠奶茶

时间 25分钟

难度 低

温热香甜的味道总让人欲罢不能，与其在外面购买，不如自己做来得健康放心，而且操作并不麻烦呢。

主料 纯牛奶1盒（约250克）
红茶3克 | 珍珠10克

辅料 白砂糖1汤匙

做法

制作奶茶

1 净锅煮水，大火煮沸。

2 将红茶洗净，倒入锅中，闻见茶香后倒入纯牛奶，再次煮开。

3 关火，过滤掉茶叶，将煮熟的奶茶倒入杯中备用。

煮珍珠

4 再次净锅煮水，水开后倒入珍珠。

5 等珍珠浮起来后煮1分钟，关火。

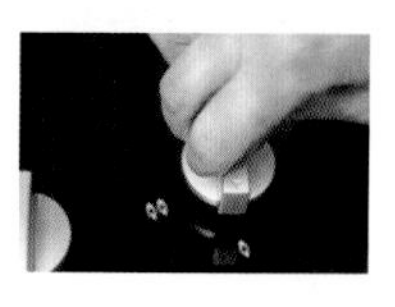

组合调味

6 捞出珍珠，用凉水冲一下后放入奶茶中。

7 加入白砂糖，搅匀即可饮用。

烹饪秘籍

红茶不能煮太久，否则会有苦涩味。煮熟的珍珠建议先过冷水，这样口感又软又弹牙。

要想喝上纯正的咖啡，还得自己手磨才行。与速溶咖啡截然不同的口感，苦涩中带有丝丝的醇香，值得你久久回味。

雕刻柔软慢时光

醇香手磨咖啡

时间 25分钟

难度 中

主料　咖啡豆5克

辅料　方糖1块

做法

加热磨粉

1 把咖啡豆放入微波炉中，高火加热2分钟。

2 将咖啡豆放入磨豆机中，磨成细粉。

过滤煮制

3 取两张滤纸放在杯口，微微打湿后，倒入咖啡粉。

4 净锅，倒入200克纯净水，大火煮开后关火，倒入细口壶中备用。

冲泡

5 用沸水缓慢淋到咖啡粉上，均匀冲泡至杯中。

6 撤掉滤纸，放入方糖，就可以饮用了。

烹饪秘籍

建议用纯净水冲泡，否则会影响咖啡的口味。过滤咖啡粉时，可以分多次冲泡，滋味会更浓郁。

自然浓郁森林系
榛果拿铁

时间
25 分钟

难度
中

平平淡淡的滋味是拿铁的标识，有人说，与其说它是一杯咖啡，不如说是一杯混合着咖啡香味的牛奶。但这也正是拿铁的真正含义所在，就如同生活，加点榛果，给生活添点料。

主料　榛子 10 克 | 咖啡豆 15 克
　　　全脂牛奶 1 盒（约 250 克）
辅料　白砂糖 1 汤匙 | 肉桂粉 1/2 茶匙

做法

烤制磨粉

1 将榛子和咖啡豆放入微波炉中，高火加热1分钟，翻匀后再用高火加热1分钟。

2 榛子用料理机打成粉末，咖啡豆放入磨豆机中，磨成细粉。煮水，水烧至98℃左右，关火。

冲泡

3 取杯子，放入一半的榛子粉，另一半与咖啡粉混合，用手冲滴滤壶冲泡。

4 将冲泡好的咖啡倒入放有榛子粉的杯中，加入白砂糖搅拌均匀。

加热混合

5 将全脂牛奶放入微波炉中，加热至75℃。

6 将1/4的热牛奶用打泡器打出奶泡，其余倒入咖啡杯中。

7 用勺子把奶泡舀入杯中，撒上些肉桂粉就可以啦。

烹饪秘籍

榛子也可以用榛果酱代替。如果用榛子，一定要提前烘烤，熟榛子磨成细粉后，味道才香浓，散发着坚果味道。

6 Chapter

超简单套餐搭配建议

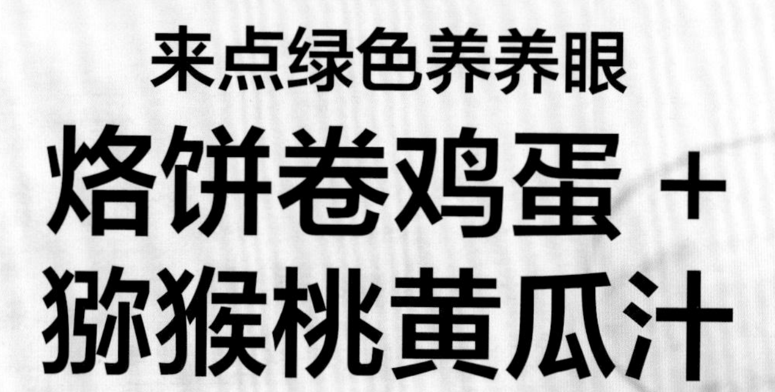

来点绿色养养眼

烙饼卷鸡蛋 + 猕猴桃黄瓜汁

烙饼摊鸡蛋，北方最家常的食物，香味淳朴，口感扎实，吃着有家里的那种安心感。担心维生素摄入不够的时候就“给自己来点儿绿”，满满一大杯果蔬汁，整个人都清爽起来。

主料 鸡蛋 2 颗 | 香肠 1 根 | 烙饼适量
猕猴桃 1 个 | 黄瓜 1/2 根

辅料 蜂蜜 2 茶匙 | 小葱 1 根 | 食用油适量
盐适量 | 白胡椒粉适量

营养贴士

猕猴桃富含维生素C，有抗氧化、美白祛斑等食物功效。猕猴桃中的叶黄素还可防治口腔溃疡。鸡蛋中的蛋白质和烙饼中的碳水化合物，则为一上午的工作和学习提供了充足的能量。

做法

加热

1 干净的平底锅中不放油，放入烙饼加热到烙饼热透，恢复柔软后关火，将烙饼取出放到不烫手。

制作蛋饼

2 小葱去根，洗净，切成小粒。鸡蛋打散，加入葱粒、盐和白胡椒粉，搅拌均匀。

3 中火加热炒锅，锅中放油，转动锅，让锅壁挂上油，防黏。油八成热时倒入蛋液。

4 鸡蛋基本凝固后用铲子将鸡蛋划成大块，煎到鸡蛋全熟后关火。

组合

5 将热好的烙饼翻开，露出饼心。烙饼最好选靠近饼边的部分，翻开露出饼心后两层还能连着。

6 放入鸡蛋和香肠，将烙饼卷起来即可。如果希望香肠是热的，可以把香肠和烙饼一起加热。

制果蔬汁

7 猕猴桃去皮，去蒂，切块。黄瓜洗净，切块。

8 猕猴桃和黄瓜放入料理机，加入适量水，放入蜂蜜，高速搅打成汁即可。

烹饪秘籍

加热烙饼的时候，也可以将烙饼放在盘子里再放入蒸锅，避免烙饼直接接触蒸屉，加热过后烙饼会变得很潮湿，容易碎。热完就拿出来，挥发掉烙饼表面的水汽，让饼皮更干爽。

花样大变身

饺子皮春饼 + 凉拌土豆丝

时间
20 分钟

难度
高

饺子皮都有什么妙用？这款春饼应该是最令人惊艳的一款了，比纸薄的春饼制作方法竟然这么简单！卷上酸辣爽脆的凉拌土豆丝，令人顿时胃口大开。

主料 饺子皮 5 张 | 土豆 1 个

辅料 盐 1 茶匙 | 生抽 1 汤匙 | 陈醋 1 汤匙 | 老干妈 1 茶匙 | 花椒油 1 汤匙 | 食用油适量

> **烹饪秘籍**
>
> 春饼蒸好后要趁热一层层揭开，凉了就不太容易揭开了。

做法

晚间准备

1 取一张饺子皮放在案板上，刷一层食用油。

2 盖上另一张，再刷油，重复动作，将5张饺子皮全部叠起。

3 在饺子皮的侧边均匀刷油。

4 用擀面杖将饺子皮轻轻擀开。

5 将准备好的饺子皮放入冰箱冷藏。

蒸制

6 蒸锅放水煮沸，放入饺子皮大火蒸10分钟。

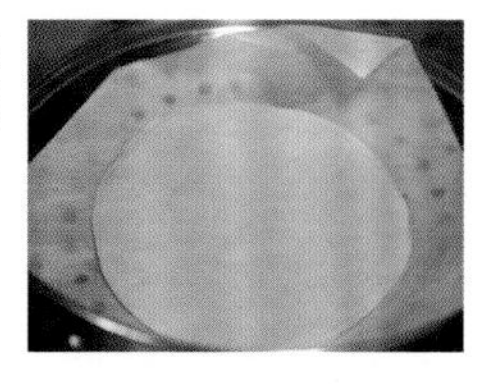

制土豆丝

7 土豆去皮，用擦丝器擦成细丝。凉水洗去表面淀粉。

8 锅中烧开水，将土豆丝下入煮熟捞出。

9 将土豆丝过一遍凉水后放入大碗中。

调味卷制

10 加入生抽、陈醋、盐、老干妈和花椒油搅拌均匀。

11 饼蒸好趁热一张张揭开，卷上土豆丝即可。

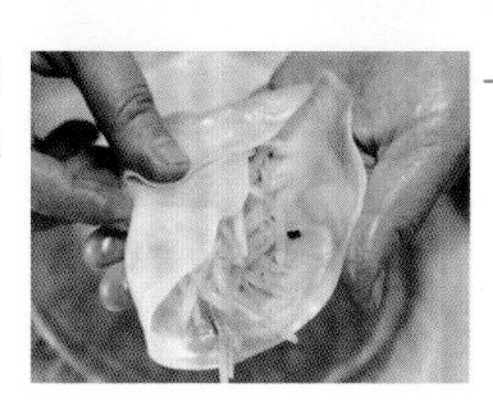

酥脆美味

豆沙春卷 + 圆白菜沙拉

时间 20 分钟

难度 低

主料 速冻豆沙春卷 4 个 | 圆白菜 200 克

辅料 芝麻沙拉酱 2 茶匙 | 食用油适量

做法 只需下油锅轻松一炸，美味的早餐就出现了！

炸制

1 炸锅倒油，烧至八成热。

2 放入速冻春卷。

使用速冻食品

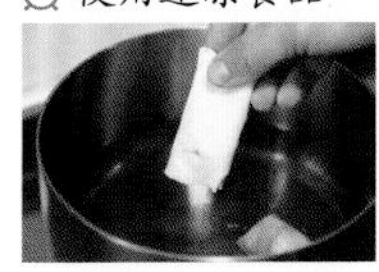

3 转中小火，待底部金黄时用筷子翻一面。

4 两面金黄即可捞出。

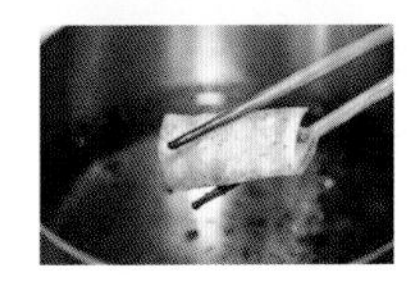

制作沙拉

5 圆白菜洗净去根，切成细丝。

6 将圆白菜淋上芝麻沙拉酱，搅拌均匀即可。

使用方便调料

在上海，春卷是过年必备的一道点心。那一张张薄薄的春卷皮，包裹着香甜的豆沙馅，配上一道圆白菜沙拉，营养美味又解腻。

烹饪秘籍

圆白菜中心发黄的部位取出不用，只选用绿色部分切丝，切得越细越好。

清晨的日出
辣白菜炒饭 + 单面蛋

时间 20 分钟 | 难度 低

主料 米饭 1 碗 | 辣白菜 100 克 | 培根 2 片 | 鸡蛋 1 颗

辅料 大葱 3 克 | 白糖 1/2 茶匙 | 香油 1 茶匙 | 食用油适量

做法

准备

1. 辣白菜滤掉汤汁，切成短丝，过长的白菜丝会缠在一起，不易炒散。汤汁不要扔掉。

2. 大葱切碎成小粒。培根切成细条。

混合炒制

3. 中火加热炒锅，锅中放适量油。油温热后放入培根条煸炒至微焦。

4. 放入葱花，煸炒出香味。下辣白菜丝，翻炒均匀。葱花要在培根之后放，以免炒焦。

5. 加入白糖、辣白菜汤汁。放入米饭，将米饭炒散。调入香油，炒匀后装盘。

煎蛋

6. 中火加热平底锅，八成热时加入少许油，磕入1颗鸡蛋。

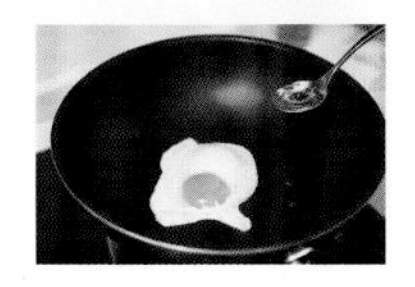

7. 转小火，锅中放入1汤匙清水，盖锅盖，焖到鸡蛋没有流动性，盖在炒饭上即可。

烹饪秘籍

煎单面蛋的时候锅一定要足够热，鸡蛋接触到锅之后可以马上定形，煎出的蛋才漂亮。无论是双面煎蛋还是单面煎蛋，在使用不粘锅的情况下，油都要尽可能少放，油过多会让煎蛋边缘变焦硬，口感很差。

丝滑柔顺

培根煎饭团 + 蓝莓奶昔

时间 20 分钟

难度 低

主料 米饭 1 碗｜培根 2 片｜小片海苔 4 片
蓝莓 50 克｜香蕉 1/2 根
牛奶 150 克

辅料 香油适量｜熟白芝麻 1 茶匙
原味酸奶 2 汤匙｜白糖 1 茶匙

做法

制作饭团

1 培根切成短细条，放入热米饭中，搅拌均匀。最好是热米饭，培根是凉的，用米饭温热一下味道更好。

2 海苔切成短丝，与白芝麻一起，放进培根米饭中，翻拌均匀。

3 拌好的米饭分成两份，手上沾一些清水，将两份米饭分别捏握成三角形的饭团，尽量压实。

煎制

4 小火加热平底锅，锅热后涂上薄薄一层香油。

5 放入饭团，把三角形的两面分别煎成浅金色即可。食材都是熟的，小火慢慢煎好表皮就好。

制作奶昔

6 蓝莓冲洗干净，沥干。香蕉去皮，去掉表面筋，切块。

7 蓝莓、香蕉、酸奶、牛奶和白糖放入料理机，快速搅打均匀即可。

烹饪秘籍

饭团尽量捏实，煎的时候用勺子或者铲子辅助翻面，米饭不容易散开。蓝莓有的比较酸，所以酸奶可以作为配料，加不加看个人喜好。

美好的小幸福

圆白菜烘蛋 + 黄油吐司

时间 20 分钟

难度 中

主料 圆白菜 100 克｜鸡蛋 1 颗｜培根 1 片｜切片吐司 1 片｜黄油 20 克

辅料 黑胡椒粉适量｜食用油适量｜盐适量

做法

煎制

1 圆白菜冲洗干净，去掉大梗，切成细丝。培根切成窄条。

2 中火加热平底锅，锅中放适量油，油热后放入培根条煸炒到微焦。

3 下圆白菜丝翻炒到略软。转小火，用铲子将培根圆白菜堆成一堆，在中间挖一个小坑。

4 将鸡蛋直接磕进圆白菜小坑里，盖锅盖，焖煎到蛋清变白。

调味

5 打开锅盖，将圆白菜和鸡蛋沿着锅边滑出到盘子里，在表面撒适量黑胡椒粉和盐。

烤制吐司

6 将软化的黄油均匀涂抹在吐司片上，吐司片改刀成宽条。

7 烤箱预热160℃完成后，放入吐司条烘烤约5分钟，直到吐司条表面变成金黄色即可。

烹饪秘籍

炒圆白菜的时候不要放盐，盐分会让圆白菜出汤，装盘之后再撒盐。如果不习惯半熟的鸡蛋，可以将鸡蛋完全焖熟再盛出。

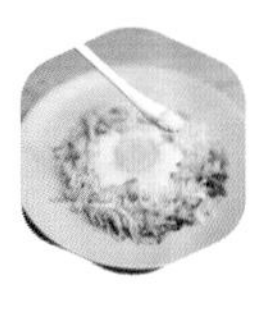

金色的晨光

蒜香面包 + 美式炒蛋

时间
30 分钟

难度
高

主料 法棍面包 1/2 根 | 鸡蛋 2 颗 | 牛奶 2 汤匙
黄油 80 克 | 大蒜 30 克 | 香葱 1 根
辅料 盐 1 茶匙 | 白糖 1/2 茶匙
黑胡椒粉适量

营养贴士

大蒜能促进血液循环；蛋黄含有丰富的维生素E，能延缓血管与皮肤老化。牛奶富含蛋白质，与富含碳水化合物的法棍面包搭配，能带给人满满的能量。

做法

烤制面包

1 法棍面包斜刀切成厚片。黄油软化；大蒜去皮、压成蒜蓉；香葱取葱绿部分切碎成末。

2 将蒜蓉、葱末、20克黄油、1/2茶匙盐和白糖搅拌均匀，涂抹在法棍切片的一面上。烤箱预热170℃。

3 预热完成后，放入面包片，有黄油蒜蓉的一面朝上，烘烤约15分钟，至表面金黄即可。

炒蛋

4 鸡蛋充分打散，加入1/2茶匙盐和牛奶，继续打散到液体完全融合。

5 小火加热不粘平底煎锅。加入60克黄油，待黄油融化变热时，倒入蛋液，不要搅拌。

6 让蛋液慢慢温热直到底部成形，大约需要1分钟。

7 用铲子把蛋液从边缘往中间推，上层蛋液会流向锅底，凝固了接着往中间推，直到看不到液体的鸡蛋。

调味

8 看不到流动液体时，马上离火并继续拌炒，基本凝固即可装盘，在表面撒上黑胡椒粉即可。

烹饪秘籍

打蛋液的时候，要打到蛋液起泡，空气融入蛋液中，炒出的鸡蛋更蓬松。做美式炒蛋时不要将鸡蛋完全炒熟再出锅，关火后鸡蛋内蓄积的热量还会让它变硬一点，炒好的鸡蛋装盘时应该是柔软潮湿的。

果蔬开会

奶酪吐司片＋胡萝卜苹果汁

时间 20分钟

难度 中

烤好的奶酪吐司四周酥脆，奶香浓郁，有种让人停不下来的节奏。再配一杯苹果汁，就是一顿营养丰富的美味早餐。

主料 切片吐司 2 片｜奶酪片 1 片｜胡萝卜半根
苹果 1 个

辅料 黄油 10 克

> **营养贴士**
>
> 有医师把苹果称为“全方位的健康水果”。空气污染比较严重的当下，多吃苹果可改善呼吸系统和肺功能，保护肺部免受空气中的烟尘的影响。

做法 自己榨的果汁最健康，不仅方便，口感也最纯正！

1

将吐司四周去边。

2

胡萝卜洗净、去皮，切成小块。

3

取一片切片面包，放上奶酪片，再盖上另一片。

煎制

4

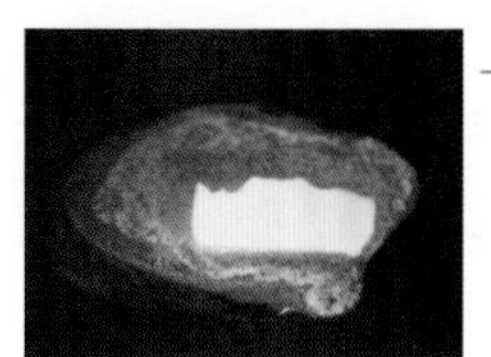

平底锅放入黄油融化。

5

放入奶酪面包，小火慢煎，两面微焦即可。

> **烹饪秘籍**
>
> 除了放进平底锅煎，也可以将奶酪吐司放入烤箱，180℃烤5分钟即可达到同样的效果。

制作果汁

6

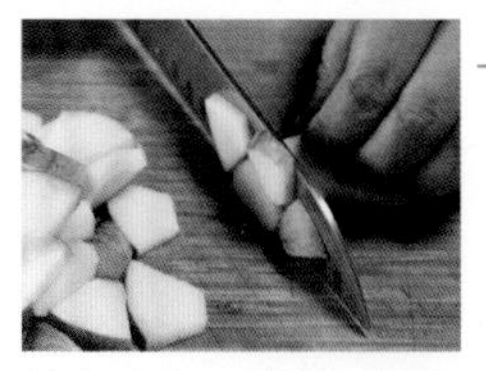

苹果洗净，去核，切成小块。

使用榨汁机

7

将苹果块和胡萝卜块放入榨汁机中。

8

倒入清水，榨成果汁即可。

怀念经典

猫王三明治＋胡萝卜雪梨汁

时间
25 分钟

难度
中

据说这是猫王钟爱的一款三明治呢。三明治已经很甜腻啦，要选清淡一点的果蔬汁或者黑咖啡搭配哟。

主料 白吐司4片｜香蕉1根｜花生酱4汤匙
鸡蛋2颗｜牛奶50克｜培根3条
胡萝卜1/2根｜梨1个

辅料 白砂糖适量｜食用油少许

营养贴士

泡软的吐司更容易吸收；花生酱富含蛋白质、维生素D、维生素E、钙、铁、锌等营养物质，对营养不良、贫血、脾胃失调、肠燥便秘、乳汁缺乏等有一定的辅助食疗作用。

做法

准备

1 白吐司切掉四边，去掉深色的面包皮就好。培根切成两段，不放油煎到微焦后取出凉凉。

2 鸡蛋打散成蛋液，加入牛奶，搅拌成均匀的蛋奶液。香蕉去皮，对半切成两段后切成长厚片。

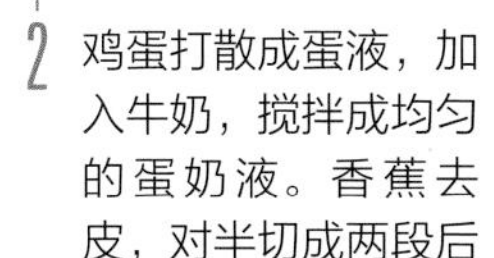

组合煎制

3 两片吐司平放，均匀涂上一层花生酱。

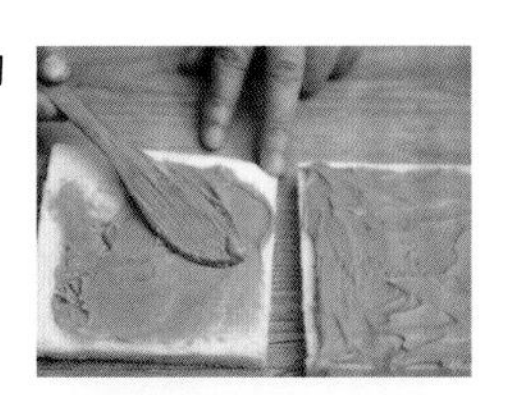

4 花生酱上铺上香蕉片，再放上两三片煎过的培根。中火加热平底锅，锅中放少量油。

5 将另一片吐司盖上，组装好三明治，压实。在蛋奶液中裹一圈，使三明治两面都蘸满蛋奶液。

6 蘸好蛋奶液的三明治直接放在平底锅中，保持中火煎到两面金黄。取出后对半切开。

制作果汁

7 胡萝卜去皮切小块。梨去皮去核，切块。

8 切好的胡萝卜和梨块放入料理机，加入适量水和白砂糖，高速搅打成混合果蔬汁即可。

烹饪秘籍

做这款三明治，最好选用白吐司，全麦吐司或任何带味的吐司都会影响成品的味道。如果觉得太腻，可以不用蘸蛋奶液，平底锅抹很薄的一层油，直接放夹好的吐司进去煎到金黄即可。

异国小情调

法式吐司 + 酸奶水果杯

时间 20 分钟

难度 中

主料 切片吐司 4 片 | 鸡蛋 2 颗
牛奶 120 克 | 白糖 2 汤匙
原味酸奶 100 克 | 时令水果 200 克

辅料 黄油适量 | 坚果仁 1 汤匙 | 蜂蜜适量

做法

准备

1 吐司片切掉四边，薄薄地切掉一层即可。每片吐司改刀成四个小方块。

2 鸡蛋打散，加入白糖和牛奶，搅拌均匀，倒入一深盘中。

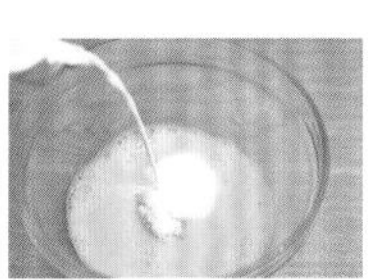

3 吐司块放入蛋液中，使蛋液浸满吐司块。

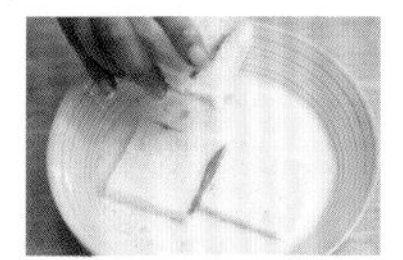

煎制装盘

4 小火加热平底锅，锅中放入一小块黄油，黄油融化微微起泡后放入浸满蛋液的吐司块。

5 小火煎到吐司块两面金黄微焦，装盘后淋适量蜂蜜即可。

制水果杯

6 时令水果切成小块放入碗中，酸奶搅拌均匀后淋在水果块上。

7 在酸奶上撒坚果仁，淋少许蜂蜜，吃之前搅拌均匀即可。

烹饪秘籍

煎法式吐司的时候火候一定要掌握好，黄油和糖都很容易焦，煎的过程中保持小火，注意观察，随时翻动。

香蕉的小甜蜜

蜜烤香蕉 + 牛奶燕麦杯

时间 20分钟

难度 中

主料 香蕉2根｜牛奶250克

即食燕麦片100克

辅料 蜂蜜1茶匙｜食用油适量

化腐朽为神奇的烤箱，怎能放过香蕉呢？ **做法**

烤制香蕉

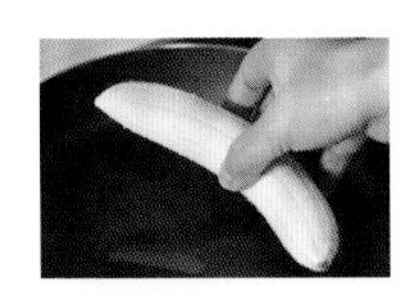

1 平底锅加热倒入油，香蕉去皮放入锅中。

2 将香蕉小火煎至两面金黄。

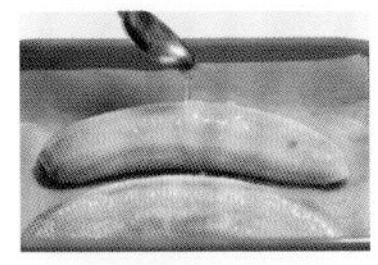

3 将煎好的香蕉放入烤盘中，淋上蜂蜜。

使用烤箱

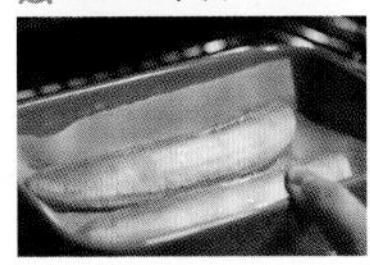

4 放入烤箱，160℃烤10分钟即可。

制作饮品

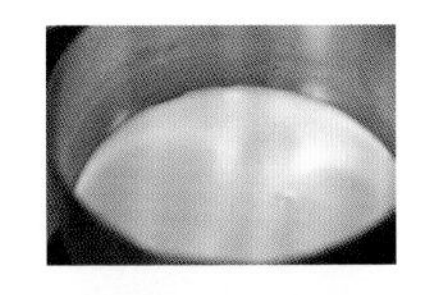

5 烤香蕉的时候，取一奶锅，倒入牛奶煮开。

6 倒入杯中，放入即食燕麦片即可。

烹饪秘籍

在香蕉的选择上要选成熟度适中的香蕉，太生或者太熟都不合适。

蜜烤香蕉是一种新兴的香蕉吃法，在保留香蕉香味的同时更别具风味。先煎后烤，能保证色泽均匀。配上一杯牛奶燕麦，开启新的一天。

很受欢迎

可颂香肠卷+胡萝卜牛奶

可颂是一种很受欢迎的面包，但是千层面团做起来很麻烦，而手抓饼本来就是一层一层的，特别容易发挥“余热”。胡萝卜牛奶，不仅颜色好看，牛奶还能盖住胡萝卜的生涩味。

主料 热狗肠 2 根 | 手抓饼 1 张 | 胡萝卜 1/2 根 | 牛奶 200 克

辅料 蛋液适量 | 白糖 2 茶匙

营养贴士

胡萝卜含有丰富的胡萝卜素，其进入人体后会转变为维生素A，能维持皮肤黏膜的完整性，防上皮肤干燥粗糙，还能预防夜盲症，缓解视疲劳。

做法

制香肠卷

1

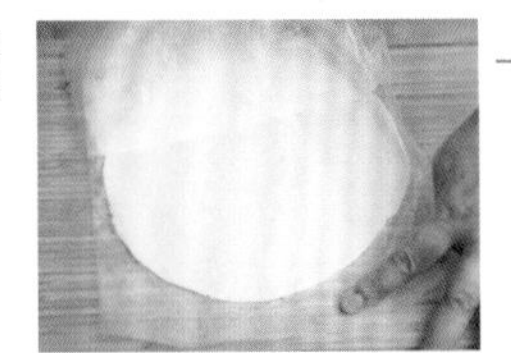

手抓饼撕掉外面的塑料纸，再把饼放回塑料纸上，防止完全化冻后撕不下来。

2

手抓饼化冻到略有些发软后用快刀划成约2厘米宽的条，太宽太窄都不好操作。

3

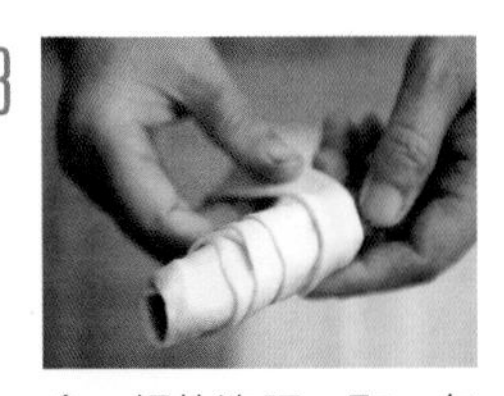

拿一根热狗肠，取一条手抓饼，从香肠的一端开始裹，把香肠缠起来，每一圈之间叠起来一部分。

烤制

4

缠完一根接着缠另一根，直到把香肠整个缠满，放在烤盘上。另一根同样缠好。烤箱预热180℃。在香肠卷上刷上蛋液。

5

烤箱预热完成后将烤盘放入，烘烤15分钟。烤到手抓饼表面金黄即可。

烹饪秘籍

烘烤的时候温度一定要够高，温度太低手抓饼不会上色，一直都是白白的。如果想淀粉类多一点，缠手抓饼的时候重叠部分多一点，让香肠卷更粗壮些。

制作饮品

6

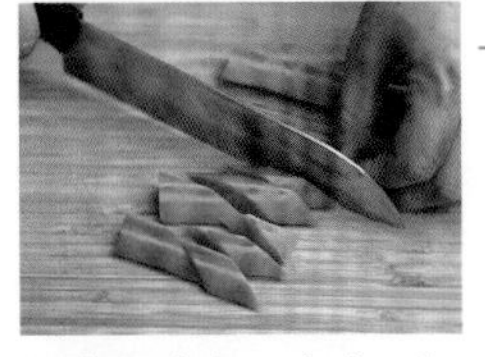

胡萝卜洗净，去皮、切块，放入搅拌机。

7

加入牛奶和白糖，高速搅打成汁即可。

鲜字当道

海鲜煎饼 +
胡萝卜苹果汁

时间
20 分钟

难度
高

主料 冷冻鱿鱼圈 100 克｜冷冻虾仁 50 克
香葱 3 根｜鸡蛋 1 颗｜面粉 150 克
胡萝卜半根｜苹果 1 个

辅料 盐 1 茶匙｜生抽 1 茶匙｜食用油适量

每次去吃韩餐都必点一份特色海鲜煎饼，端上来就会被一抢而光。没想到在家做起来也超级简单。配上胡萝卜苹果汁，清淡甘甜，让你一整天都元气满满。

做法

晚间准备

1 冷冻鱿鱼圈和虾仁放入冰箱冷藏解冻。

2 香葱洗净、去根，切末。

煎制

3 取一个大碗，加入面粉、鸡蛋和水，打成面糊。

4 放入鱿鱼圈、虾仁、香葱末、盐和生抽，搅拌均匀。

5 电饼铛刷油加热，倒入面糊，小火慢煎。

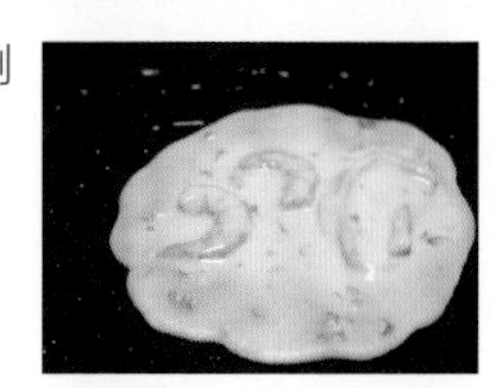

6 盖上盖子，煎至两面金黄即可。

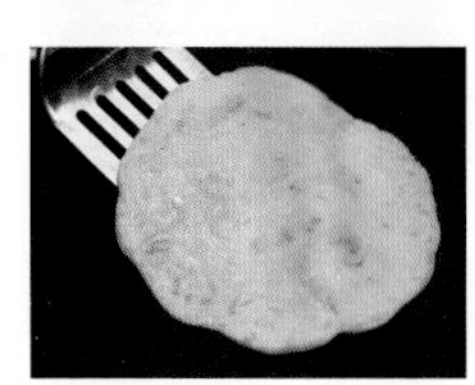

制作果汁

7 胡萝卜、苹果洗净去皮，切成小块。

8 将苹果块、胡萝卜块放入榨汁机中，加水榨成果汁即可。

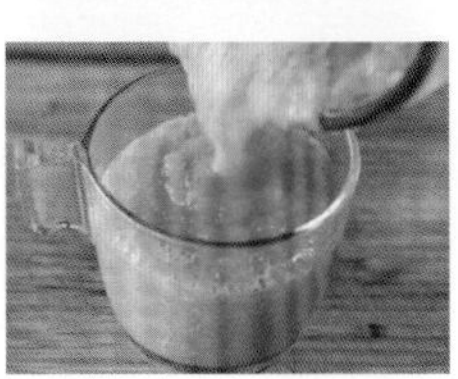

营养贴士

胡萝卜是一种质脆味美、营养丰富的家常蔬菜。胡萝卜中有一种木质素，它可以提高巨噬细胞的能力，增强人体免疫力，降低得感冒的概率。

烹饪秘籍

喜欢吃酥脆口感的，煎的时候可以多放一些油。在面粉的选择上，可以选择韩式煎饼粉，能更好地煎出金黄酥脆的煎饼。

养生美味兼得

豆腐饼 + 小米粥

主料 北豆腐 50 克｜猪肉末 50 克
胡萝卜 30 克｜鸡蛋 1 颗
大蒜 1 瓣｜面粉 20 克
小米 50 克
辅料 盐 1 茶匙｜食用油适量

对于很多人来说，豆腐可能太过清淡。但只要经过精心烹调，豆腐的可塑性是相当高的。金灿灿的颜色，看起来就有食欲。配上暖胃的小米粥，迎来温暖的早餐时光。

做法

晚间准备

1 把豆腐沥干水分，捏成碎末。

2 胡萝卜洗净去皮切末、大蒜剥皮剁成末。

3 将豆腐碎、胡萝卜末、大蒜末、猪肉末倒入大碗中。

4 加入盐，充分搅拌均匀。将准备好的馅料放入冰箱冷藏备用。

5 小米淘洗干净，电饭锅内放入冷水烧开，小米跟水的比例为 1∶5。

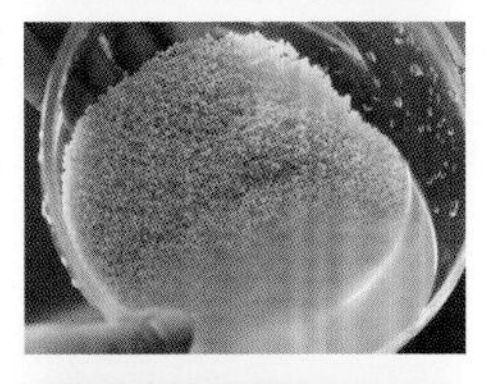

6 放入小米，大火熬制10分钟，转中小火慢慢熬煮15分钟，期间不断搅拌。

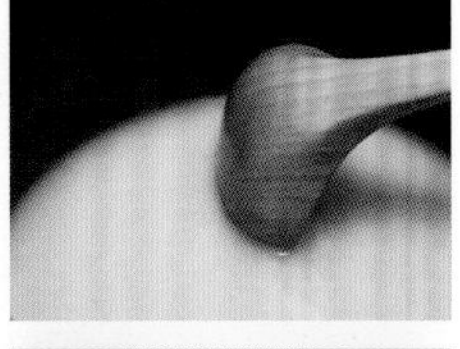

7 待米汤浓稠，盖盖，不要关闭电源，利用电饭煲保温功能，留待明晨食用。

煎制

8 将馅料捏成小饼。每一个豆腐饼均匀裹上面粉。

9 鸡蛋打散入碗中，搅拌均匀。将豆腐饼均匀裹上蛋液。

10 平底锅加热倒油，将豆腐饼放入锅中煎至两面金黄即可。

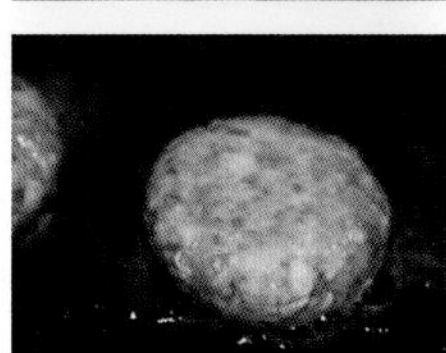

营养贴士

豆腐富含植物蛋白质，素有“植物肉”之美称。人体对豆腐中的营养素消化吸收率达95%以上，作为早餐食用，可满足人体一天对钙的需要量。

烹饪秘籍

在煎豆腐饼的时候油稍微多放一点，全程小火煎，防止外皮金黄而里面没熟。

中式餐桌的美味

丝瓜蛋汤 + 鸡蛋馒头片

时间
20 分钟

难度
低

主料 丝瓜半根 | 鸡蛋 2 颗 | 馒头 1 个
辅料 盐 1 茶匙 | 生抽 1 汤匙 | 食用油适量

丝瓜蛋汤是以丝瓜和鸡蛋为主食材制成的一种汤品，最大程度保留了食物的原味。搭配用鸡蛋液煎的馒头片一起食用，口感丰富又营养均衡。

做法 想吃馒头何须自己蒸，现成的也同样有口感！

做汤

1 丝瓜洗净、去皮，切成滚刀块。

使用现成食材

2 馒头切片。

3 汤锅中烧开水，放入丝瓜，中火煮10分钟。放入盐和生抽。

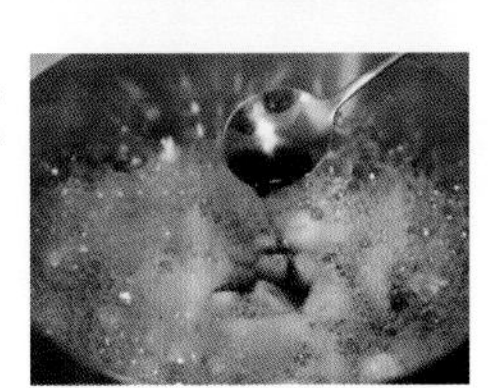

准备

4 煮汤的同时煎馒头片。鸡蛋打散至碗中，搅拌均匀。

5 取一半蛋液倒入盘中。

6 将馒头片放入，均匀裹上蛋液。

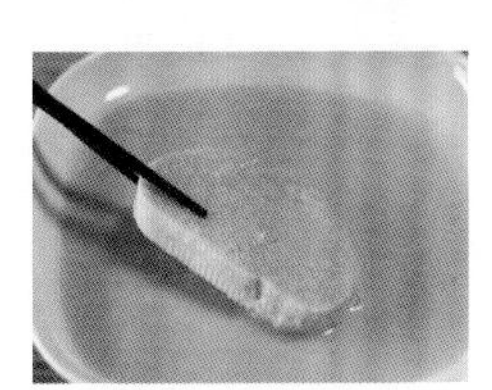

煎制组合

7 平底锅放油加热，将裹好蛋液的馒头片放入，小火煎至两面金黄。

8 锅中丝瓜汤煮沸，倒入另一半的蛋液，迅速搅动，形成蛋花即可。

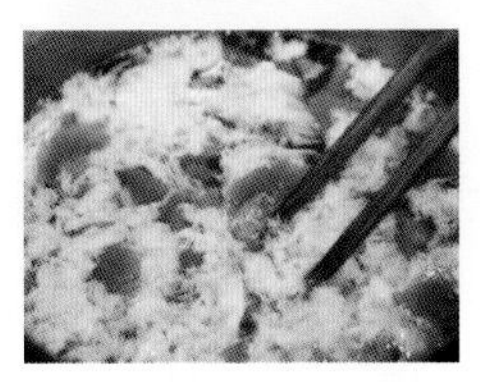

营养贴士

丝瓜中含有可防止皮肤老化的B族维生素，能保护皮肤、消除斑块，使皮肤洁白、细嫩，是不可多得的美容佳品。

烹饪秘籍

在煎馒头片时要保证全程小火慢煎，至蛋液凝固、两面金黄即可。

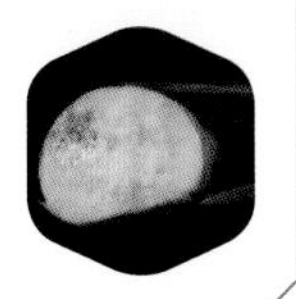

极限之鲜

香煎龙利鱼 + 味噌汤

时间
30 分钟

难度
中

龙利鱼柳价格实惠，没有刺，腥味也不重，加简单的调料就很鲜美，可以直接夹在吐司里。味噌汤做起来更是简单，热量又低。

主料 龙利鱼柳 1 片 | 鸡蛋 1 颗 | 味噌酱 2 汤匙
嫩豆腐 100 克 | 干裙带菜 20 克

辅料 大葱白 3 克 | 淀粉适量 | 黑胡椒碎适量
食用油少许 | 盐适量

营养贴士

龙利鱼含有不饱和脂肪酸，可促进脑部发育。味噌酱是由黄豆发酵而成，不仅味道鲜美，还有整肠功能，能帮助排除体内垃圾。味噌中的大豆皂苷，还有抗氧化防衰老的作用。

做法

腌制准备

1 龙利鱼柳解冻后冲洗干净，用纸巾吸干表面水分。

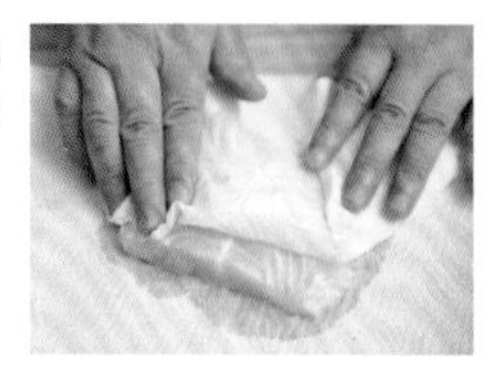

2 鱼柳表面涂抹盐，撒适量黑胡椒碎，腌制15分钟。

3 葱白切成小圆片。裙带菜用温水泡开后沥干。嫩豆腐切小方块。鸡蛋打散成蛋液。

4 腌好的鱼柳拍上淀粉，抖掉多余的干粉，在蛋液里滑一下，两面裹上蛋液。

煎制

5 平底锅中放少许油，中火将鱼柳煎至两面金黄。出锅后撒适量黑胡椒碎即可。

制味增汤

6 小汤锅中放适量清水，水沸腾后放入味噌酱，搅拌到味噌充分溶于水，再次沸腾。

7 将嫩豆腐和裙带菜放入味噌汤底中，用勺子搅动一下，关火。

8 碗中放少许葱白片，趁热冲入热味噌汤即可。与煎龙利鱼同食。

烹饪秘籍

味噌汤不宜久煮，也不适合反复加热，一次不要做太多。如果有干贝素或者海鲜类的味精，可以少量添加提鲜。加味噌酱的时候，将小滤网放在汤锅里，味噌酱放入滤网，用勺背碾压，直到味噌酱彻底溶于水中即可。

图书在版编目（CIP）数据

萨巴厨房. 简单做早餐，多睡10分钟 / 萨巴蒂娜主编. —北京：中国轻工业出版社，2023.9

ISBN 978-7-5184-3947-8

Ⅰ. ①萨… Ⅱ. ①萨… Ⅲ. ①食谱 Ⅳ. ①TS972.12

中国版本图书馆 CIP 数据核字（2022）第 055914 号

责任编辑：张　弘　　责任终审：劳国强　　整体设计：锋尚设计

文字编辑：谢　兢　　责任校对：晋　洁　　责任监印：张京华

出版发行：中国轻工业出版社（北京东长安街6号，邮编：100740）

印　　刷：北京博海升彩色印刷有限公司

经　　销：各地新华书店

版　　次：2023年9月第1版第2次印刷

开　　本：710×1000　1/16　印张：12

字　　数：200千字

书　　号：ISBN 978-7-5184-3947-8　定价：49.80元

邮购电话：010-65241695

发行电话：010-85119835　传真：85113293

网　　址：http://www.chlip.com.cn

Email：club@chlip.com.cn

如发现图书残缺请与我社邮购联系调换

231359S1C102ZBW